Mac OS X
Tiger

Laboratoire SUPINFO des Technologies Apple

taboo

Mac OS X Tiger

Thierry Boyer, Jordane Cau, Charles Marti, Raphaël Nicoud, David Pagola, Stéphane Payet, Thibaut Perrin, Marc Pybourdin, Teanuanua Tepa, Cannes Thuthilipitige-Fonseka

EYROLLES

ÉDITIONS EYROLLES
61, bd Saint-Germain
75240 Paris Cedex 05
www.editions-eyrolles.com

La 1re édition de cet ouvrage, paru à l'origine sous le titre Mac OS X Tiger –300 questions *et réponses (ISBN : 2-212-11750-7, collection* Hotline*) a fait l'objet d'un relookage à l'occasion de son 2e tirage (nouvelle couverture et nouvelle collection).*
Le texte de l'ouvrage reste inchangé par rapport au tirage précédent.

Avant-propos

Le monde informatique est un monde toujours en mouvement. Pour la majeure partie de la population, elle se limite à un système d'exploitation, leader du marché. Cependant, tout au long des dernières années, Apple a su démontrer son ingéniosité pour reprendre du terrain sur son concurrent historique.

Avec Mac OS X, un cap a été franchi, rompant avec les versions passées de par une approche totalement inédite des systèmes d'exploitation et de l'environnement utilisateur.

À qui est destiné cet ouvrage ?

Ce livre s'adresse à toutes les personnes ayant décidé de faire le pas et de tenter l'aventure Apple, mais également aux personnes du monde OS 9 arrivant sur un système très différent de ce à quoi Apple les avait habituées auparavant.

Professionnel ou particulier, cet ouvrage répondra à de nombreuses questions qu'un utilisateur se pose régulièrement et vous permettra de tirer parti de votre Mac au mieux.

Qu'allez-vous trouver dans cet ouvrage ?

Cet ouvrage propose une approche par catégorie des questions qu'un nouvel utilisateur Mac OS X peut se poser. Autant que possible, la complexité a été étudiée pour être croissante au fil des chapitres et des questions au sein des chapitres. Ceci a été fait pour correspondre à l'attente de chacun. Ainsi, le débutant trouvera la réponse à ces interrogations les plus basiques. Le lecteur plus familiarisé au système ou le professionnel trouvera les informations nécessaires à l'exploitation la plus efficace de son système.

Remerciements

Nous tenons à remercier tout particulièrement toutes les personnes qui nous ont aidé tout au long de la rédaction de cet ouvrage, en particulier :

- Alick Mouriesse, Olivier Comes et Pierre-Henry Tupin de SUPINFO.

- Richard Ramos, Serge Robe, Philippe Astier et Karine Colasse-Gounot d'Apple pour leur soutien permanent.

- Toute l'équipe des Éditions Eyrolles pour leur sympathie, leurs encouragements, et surtout leur professionnalisme.

Table
des matières

Chapitre 2
Configuration système 17

Chapitre 3
Les petits tracas du Mac

Chapitre 4
Fichiers

Chapitre 5
Le Finder 77

Chapitre 7
Gravure 117

Chapitre 8
Impression 131

Chapitre 9
Internet 141

Chapitre 12
Réseau 211

Chapitre 13
Sécurité

Chapitre 14
Système

Chapitre 15
Messagerie instantanée

Applications

chapitre 1

Avec Mac OS X, différentes applications sont livrées déjà installées. Cependant leur paramétrage ne vous convient peut-être pas et vous serez certainement amené à en installer de nouvelles ou à en supprimer.

Que vous veniez du monde PC ou non, ce chapitre vous permettra d'être à l'aise avec les différentes manipulations que vous aurez à faire sur vos applications : création d'un raccourci, mise à jour automatique, utilisation d'applications PC ou Mac OS 9, installation/suppression de programmes, lancement d'une application au démarrage, etc.

1 Où sont mes applications ?

Les applications sont stockées dans le *répertoire /Applications* de votre disque dur. Il est cependant possible d'installer des applications dans tous les dossiers où vous avez le droit d'écrire.

Vous pouvez accéder facilement à ce dossier grâce au raccourci de la barre latérale des fenêtres du *Finder* ou au raccourci clavier *Pomme + Shift + A*.

Figure 1-1

Fenêtre Applications

2 Comment obtenir de l'aide ?

La barre de menus possède une entrée *Aide*. Elle porte sur l'application que vous êtes en train d'utiliser. Si vous désirez une aide sur le système en lui-même, mettez le *Finder* au premier plan en cliquant sur le bureau et demandez l'aide via la barre de menus. Il existe un raccourci pour le menu d'aide du *Finder* : *Pomme + Shift + ?*.

3 Quels logiciels bureautiques vais-je utiliser sous Mac ?

Il existe sur Mac des applications pour tous les besoins. Voici une liste des programmes utilisés pour les tâches les plus courantes.

- **Navigation Internet** – Safari est le navigateur standard de Mac OS X, il est l'équivalent d'Internet Explorer. Internet Explorer existe également, ainsi que d'autres navigateurs, tels que Mozilla Firefox ou Opera.

- **Client de courrier électronique** – Mail est le client de courrier électronique de Mac OS X ; il est l'équivalent d'Outlook Express sur PC. La suite Microsoft Office propose également comme client de courrier l'application Entourage, équivalent d'Outlook. Il est aussi possible d'installer Mozilla Thunderbird.

- **Messagerie instantanée** – iChat est le programme de messagerie instantanée d'Apple. Il permet entre autres de réaliser des conférences vidéo et audio d'une qualité remarquable. Rendez-vous aux chapitres 6 et 15 pour plus de détails. Cependant, il n'existe pas sur les autres plates-formes. Rassurez-vous, MSN Messenger est également disponible sur Mac, bien qu'il ne possède pas les fonctionnalités avancées de la version pour Windows.

- Il existe également des clients de messagerie capables de gérer plusieurs protocoles, et qui vous permettent par exemple d'utiliser deux comptes MSN, un compte Yahoo Messenger, et un compte AIM, et tout cela simultanément. Nous citerons le plus connu d'entre eux : Adium.

- **Multimédia** – QuickTime est le lecteur vidéo par défaut de Mac OS X, au même titre que iTunes est le lecteur de musique par défaut. Ces deux produits sont également disponibles pour Windows, tout comme Windows Media Player est disponible pour Mac OS X.

- **Bureautique** – Se reporter à la question 6.

4 Comment utiliser des applications PC sur Mac ?

Certaines applications peuvent ne pas avoir d'équivalent sous Mac. Pour utiliser vos applications PC sur Mac, servez-vous du logiciel Virtual PC qui émule une machine de type PC sur votre Mac. Vous devrez ensuite installer Windows sur la machine virtuelle.

5 Quel antivirus pour Mac ?

Les Mac sont réputés ne pas être sujets aux infections virales. Toutefois, le risque zéro n'existant pas, des antivirus sont disponibles. On peut citer Symantec Norton Antivirus, leader en la matière sur PC, ou encore Intego VirusBarrier X.

6 Quels logiciels pour la bureautique ?

Bonne nouvelle pour ceux qui appréhendent un peu la question de la bureautique, la suite Microsoft Office existe en version Mac. Il est cependant tout à fait possible de s'en passer. Pour ceux qui n'ont besoin que d'un traitement de texte et de faire des présentations, la suite iWork d'Apple propose Pages et Keynote, respectivement traitement de texte et logiciel de création de présentations. Notez également que la suite NeoOffice (OpenOffice pour Mac) est disponible. Elle est librement téléchargeable sur le site de NeoOffice (`http://www.neooffice.org/`).

7 Comment trouver des applications Mac sur Internet ?

De nombreux sites permettent de trouver les applications qu'il vous faut. Visitez les sites `http://www.telecharger.com/` et `http://versiontracker.com/`. Les forums des sites spécialisés proposent également de nombreuses adresses pour télécharger des utilitaires selon vos besoins.

8 Comment installer un programme ?

Pour installer un programme, glissez-déposez l'icône de l'application dans le dossier */Applications* de votre disque dur. En tant qu'utilisateur standard, vous n'avez pas le droit d'écrire dans ce dossier ; lorsque vous tenterez de le faire, une fenêtre apparaîtra vous demandant de vous authentifier avec un compte administrateur. Si vous souhaitez effectuer la copie, vous devrez entrer le nom et le mot de passe d'un compte administrateur. Une fois placée dans ce dossier, l'application sera disponible pour tous les utilisateurs.

9 Comment supprimer un programme ?

Pour supprimer un programme, glissez-déposez son icône dans la *Corbeille* qui se situe dans le *Dock.* Si votre programme se trouve dans */Applications*, comme pour l'installation expliquée à la question 8, il faudra vous authentifier avec un compte administrateur pour pouvoir effectuer l'opération de suppression.

10 Comment mettre à jour les applications ?

Pour diverses raisons, notamment de sécurité, il est important de maintenir son système et ses logiciels à jour. Les logiciels ont pour la plupart des procédures de mises à jour automatiques ; ils vérifient souvent sur Internet si une nouvelle version est disponible, et vous en avertissent le cas échéant. Vous trouverez le plus souvent dans ces applications une option permettant d'activer ou désactiver la recherche automatique de mises à jour, et de lancer manuellement la recherche.

Par exemple, dans les préférences de Firefox, dans la partie Avancé, vous pouvez lui demander de rechercher régulièrement les mises à jour de Firefox et ses add-ons.

Pour les mises à jour des applications Apple, reportez-vous à la question 45.

11 Comment définir l'application lancée par défaut pour un type de fichier ?

Pour définir l'application par défaut à utiliser, affichez les informations d'un fichier de ce type (raccourci *Pomme + I* une fois le fichier sélectionné).

Figure 1-2

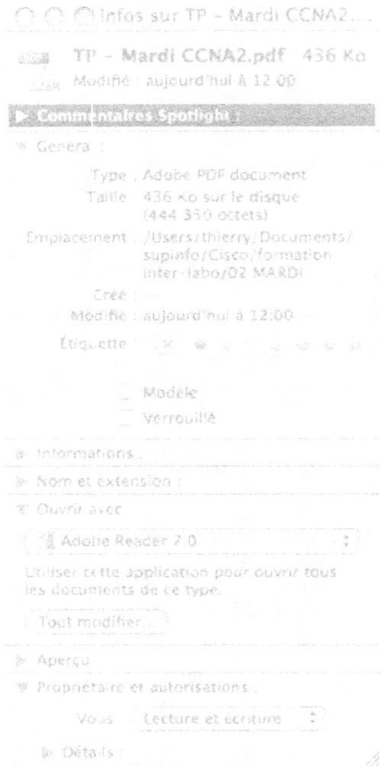

Les informations d'un document

Choisissez l'application à utiliser pour le document (menu *Ouvrir avec*). Il vous suffit ensuite de cliquer sur *Tout modifier.*

12 Peut-on placer des raccourcis pour lancer des applications ?

Il est possible de placer des raccourcis pour vos applications dans le *Dock*. Nous verrons comment faire cela à la question 13. Vous pouvez également faire un clic avancé sur l'application et de choisir *Créer un alias*.

Figure 1-3

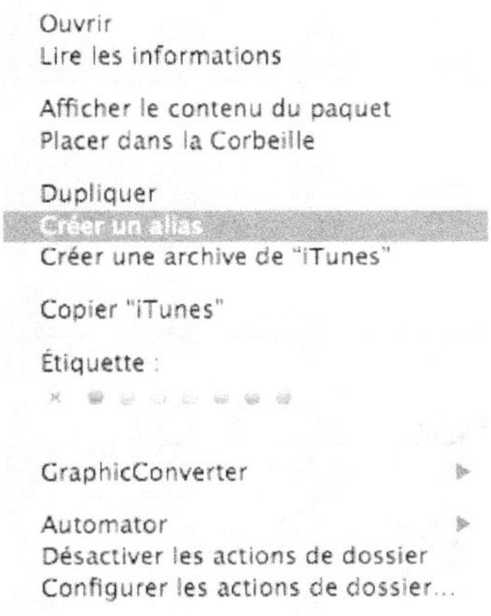

Ouvrir
Lire les informations

Afficher le contenu du paquet
Placer dans la Corbeille

Dupliquer
Créer un alias
Créer une archive de "iTunes"

Copier "iTunes"

Étiquette :

GraphicConverter ▶

Automator ▶
Désactiver les actions de dossier
Configurer les actions de dossier...

Créer un alias

Glissez-déposez l'alias sur votre bureau, ou à tout autre endroit à votre convenance dans vos répertoires.

Si vous ne savez pas ce qu'est un clic avancé, rendez vous à la question 103.

13 Comment ajouter ou supprimer une application du Dock ?

Définition

Le Dock est cette barre très pratique qui se situe par défaut en bas de votre écran. Il regroupe des raccourcis bien utiles vers les applications fournies d'origine avec votre Mac, mais aussi vers la Corbeille, le Dashboard, etc.

Le *Dock* contient les raccourcis vers vos applications et il est très facile de le personnaliser en ajoutant ou supprimant des raccourcis. Pour ce faire, glissez-déposez simplement l'application dans la partie gauche du *Dock* pour l'ajouter ou hors du *Dock* pour la supprimer (l'application disparaîtra alors dans un nuage de fumée).

Figure 1-4

Nuage de fumée

14 Si je supprime une application du Dock, est-ce que je la supprime ?

Bien évidemment, la réponse est non ! En effet, le Dock ne contient que des raccourcis vers les applications que vous avez installées et qui se situent par défaut dans votre dossier *Applications*.

Vous pouvez supprimer à volonté les icônes du Dock sans que cela n'affecte vos applications. Pour les retrouver, rendez-vous simplement dans votre dossier *Applications* à partir du menu *Aller* du *Finder*.

15 Comment lancer une application à l'ouverture de session ?

Pour lancer une application automatiquement à chaque ouverture de session, deux méthodes sont possibles :

  Allez dans les *Préférences Système* à partir du *menu Pomme*, cliquez sur le panneau *Comptes*, puis ouvrez l'onglet *Ouverture* (pour en apprendre un peu plus sur les moyens d'accéder aux *Préférences Système*, rendez-vous question 25).

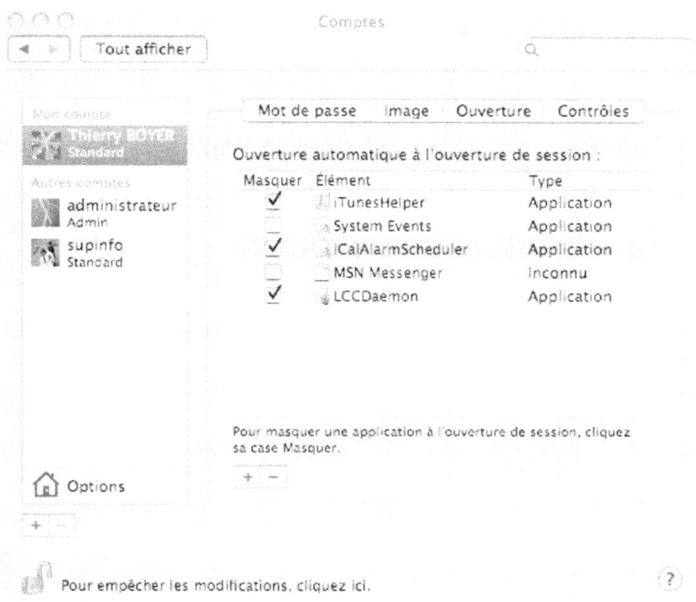

Onglet Ouverture de votre compte

- Quelques applications sont disponibles. Pour les lancer, cochez les cases associées. Pour ajouter une application, cliquez sur le petit + en bas à gauche, une boîte de dialogue s'ouvre, vous invitant à choisir l'application désirée.

- Beaucoup plus simplement, effectuez un clic avancé ou un clic prolongé (sans lâcher le bouton de la souris) sur l'application dans le *Dock*, puis sélectionnez *Ouvrir avec la session*. Pour utiliser cette méthode, il faut que l'application soit présente dans le *Dock*, donc lancée ou y étant déjà placée en tant que raccourci (voir question 13).

16 Comment passer d'une application à une autre ?

Puisque nous ne manipulons qu'une fenêtre au premier plan à chaque fois sous Mac OS X, il est facile de se laisser déborder quand il faut jongler entre plusieurs applications.

Pour passer d'une application à une autre, le moyen le plus simple est de cliquer sur l'icône de l'application souhaitée dans le *Dock*. Vous pouvez également utiliser le raccourci *Pomme + Tab* qui n'est pas sans rappeler le *Alt + Tab* que connaissent les habitués de Windows.

Figure 1-6

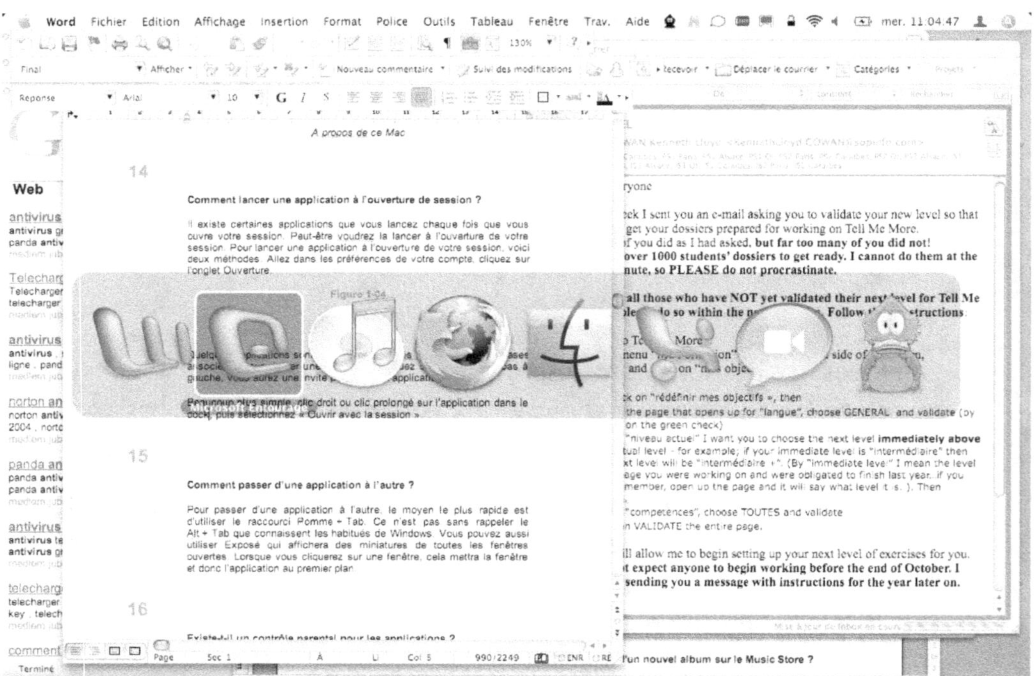

Changer d'application

La fonction Exposé permet d'afficher des miniatures de toutes les fenêtres ouvertes :

- **Touche F9** : miniaturise et affiche toutes les fenêtres de toutes les applications ouvertes.

- **Touche F10** : miniaturise et affiche toutes les fenêtres de la seule application active.

- **Touche F11** : masque toutes les fenêtres pour n'afficher que le seul Bureau.

- Pour qu'une fenêtre retrouve sa taille normale, il suffit de placer son curseur au-dessus de son icône miniaturisée (la fenêtre devient bleutée, et son nom apparaît dans un cadre grisé) et d'appuyer à nouveau sur la même touche. Vous pouvez également cliquer sur la fenêtre miniature souhaitée pour qu'elle revienne au premier plan.

- Pour modifier les raccourcis d'Exposé, reportez-vous à la question 35.

17 Peut-on restreindre l'utilisation de certaines applications ?

Si vous voulez limiter l'accès de vos enfants à certaines applications, rendez-vous au panneau *Comptes* des *Préférences Système* et cliquez sur l'onglet *Contrôles*.

Figure 1-7

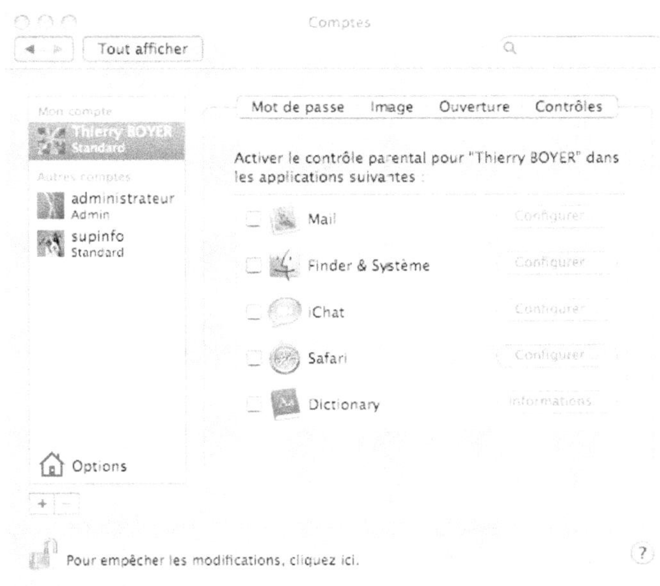

Onglet Contrôles des comptes

Cochez les cases des applications sur lesquelles activer le contrôle. Vous pouvez alors configurer ces contrôles pour chaque application en cliquant sur le bouton correspondant.

18 Comment réinitialiser les préférences d'une application ?

Certains dysfonctionnements au sein d'une application peuvent provenir de ses préférences. Si vous souhaitez supprimer les préférences d'une application dans une démarche de dépannage ou pour toute autre raison, allez dans votre dossier utilisateur, puis dans votre dossier *Bibliothèque*. Vous y trouverez le dossier *Préférences* qui contient vos préférences pour les différentes applications.

Figure 1-8

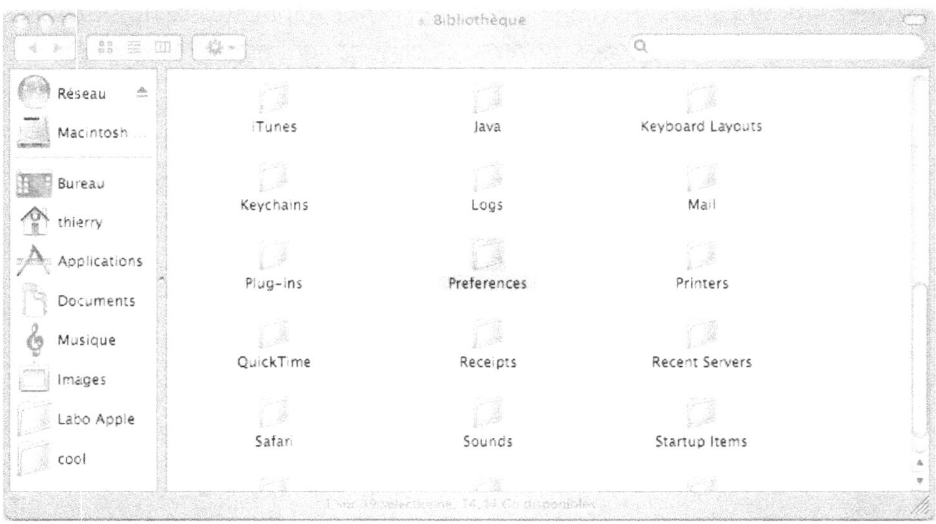

Vos préférences personnelles

Elles pourront être sous forme de fichiers ou d'un dossier comprenant plusieurs fichiers. En supprimant ces fichiers ou dossiers, vous supprimez les préférences correspondantes.

Au prochain lancement de l'application, elle sera comme à son premier lancement, sans aucune préférence définie.

19 Comment lancer une application Mac OS 9 dans Mac OS X ?

Les applications Mac OS 9 ne peuvent pas fonctionner sous Mac OS X, car cette dernière version n'est pas la suite de Mac OS 9 mais un système d'exploitation totalement différent. Pour utiliser vos anciennes applications, il vous faudra passer par l'environnement Classic, qui vous permet d'utiliser un système Mac OS 9 au sein de Mac OS X. Pour plus d'informations concernant l'environnement Classic, reportez-vous à la question 20.

20 Comment installer l'environnement Classic ?

L'environnement Classic est celui qui permet à des applications Mac OS 9 de s'exécuter sous Mac OS X. Cela dit, Classic n'émule pas un système OS 9. En effet, un système Mac OS 9 doit être installé à l'intérieur de Mac OS X pour que les applications fonctionnant sous ce système s'exécutent. En l'absence de ce dossier, vous serez averti que Classic ne peut être lancé.

Il est nécessaire, pour utiliser Classic, de disposer d'un CD d'installation de Mac OS 9, ou de Mac OS X Panther (10.3) et de copier le dossier *Système* à l'intérieur de ce CD dans votre ordinateur. Si vous possédez un système Mac OS 9 déjà installé, copiez simplement le dossier système sur le nouveau disque.

Rendez-vous dans le panneau *Classic* des *Préférences Système*.

Pour pouvoir lancer Classic, choisissez le dossier dans lequel se trouve le système Mac OS 9 que vous avez copié à l'onglet *Démarrer/Arrêter* du panneau *Classic* des *Préférences Système*. Une fois le dossier système sélectionné, Classic est prêt à se lancer. Vous pouvez le démarrer manuellement, mais il se lancera automatiquement si vous appelez une application nécessitant Mac OS 9.

Figure 1-9

Préférences de Classic

21 Comment lancer des applications Unix graphiques ?

Pour lancer des applications graphiques, il faut recourir un serveur graphique Unix. Le serveur graphique disponible sous Mac OS X est X11. Il est accessible dans */Applications/Utilitaires*. Une fois lancé, il affichera une fenêtre Xterm ; vous pourrez alors appeler l'application graphique qui s'exécutera dans l'environnement X11.

Figure 1-10

Fenêtre Xterm

Cependant, X11 n'est pas installé par défaut. Il vous faudra donc le faire grâce au DVD d'installation Mac OS X si vous ne l'avez pas fait lors de l'installation système. Vous pouvez également le trouver à l'adresse suivante : `http://www.macupdate.com/info.php/id/10464`.

Définition

Une application Unix graphique est une application qui ne fait pas appel au moteur graphique de Mac OS X, Aqua. Elle fait appel à un autre moteur graphique, X11. Un exemple d'application X11 connue est OpenOffice.Org.

22 Comment démarrer un terminal ?

Malgré une interface graphique très riche, il est possible, comme sous tout système Unix, d'utiliser des lignes de commande sous Mac OS X. La manière la plus simple d'y parvenir est de lancer un terminal. Pour ce faire, rendez-vous dans */Applications/Utilitaires* ou utilisez sous le Finder le raccourci *Pomme + Shift + U.* Vous y trouverez une application nommée Terminal : lancez-la, et vous aurez la possibilité de piloter votre système grâce aux lignes de commande.

Figure 1-11

```
Terminal — bash — 80x24
Last login: Sat Sep 17 10:12:17 on console
Welcome to Darwin!
Mac-Powah:~ thierry$
```

Terminal

23 Comment lancer une application Unix en mode texte ?

Les applications Unix, à condition d'être compatibles avec le noyau de Mac OS X (basé sur FreeBSD), peuvent être lancées et s'exécuter sans le moindre problème. Pour lancer de telles applications, utilisez le Terminal et entrez les commandes, comme sous tout autre Unix.

Pour savoir comment lancer un terminal, reportez-vous à la question 22.

24 Comment obtenir de l'aide dans un terminal ?

Si vous vous trouvez dans le terminal et que vous avez besoin d'aide sur une commande, tapez `man nom_de_la_commande`. Vous obtiendrez alors un descriptif complet. Cette aide est l'aide Unix de base, telle que vous la retrouverez sur tout autre système.

Pour aller plus loin

Aux Éditions OEM/Eyrolles est disponible le titre suivant :

B. Fabrot : *Aide-mémoire Unix pour Mac OS X* (juin 2003)

Configuration système

chapitre 2

Ça y est, vous venez à peine de terminer l'installation de Mac OS X Tiger et de vos premières applications que déjà vous ne pouvez résister à l'envie de lui appliquer votre petite touche personnelle... Fond d'écran, économiseur, personnalisation du Dock, d'Exposé ou encore du Finder, dans ce chapitre vous trouverez tous les trucs et astuces pour modeler votre Mac à votre convenance.

25 Comment changer son fond d'écran ?

Pour changer votre fond d'écran, rien de plus simple ! Ouvrez les *Préférences Système* :

- soit en cliquant sur le menu *Pomme>Préférences Système* ;
- soit à partir du *Dock* (la barre transparente où se trouvent les raccourcis vers vos principales applications ou vos raccourcis personnalisés), puis en cliquant sur l'icône des *Préférences Système.*

Figure 2-1

Icône des Préférences Système

Dans les *Préférences Système*, plusieurs panneaux s'offrent à vous, classés par catégories.

Rendez-vous dans le panneau *Bureau et économiseur d'écran.* C'est dans ce panneau que vous pourrez choisir le fond d'écran qui vous convient.

Figure 2-2

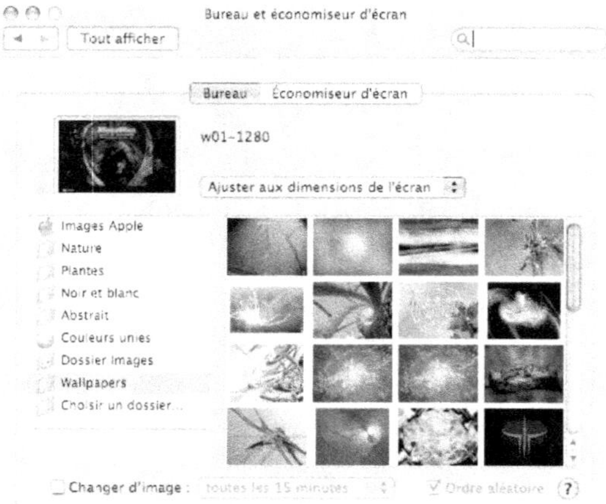

Panneau Bureau et économiseur d'écran, onglet Bureau

Vous pouvez naviguer dans les dossiers installés par défaut, parmi lesquels on compte : images Apple, nature, plantes, noir et blanc, abstrait, vos images... Cliquez simplement sur l'icône d'un des dossiers de la liste pour que toutes les images qu'il contient s'affichent dans la fenêtre de droite. Sélectionnez d'un clic le fond d'écran que vous désirez pour qu'il soit immédiatement chargé.

Vous remarquerez en bas de la fenêtre, une fois que vous avez choisi un dossier, que vous pouvez cocher une case intitulée *Changer d'image*. Cette fonctionnalité vous permet de changer de fond d'écran à un rythme que vous paramétrez (toutes les 15 minutes par exemple). Toutes les images du dossier sélectionné se succéderont en tant que fonds d'écran.

Astuce

Vous pouvez également ajouter votre propre dossier de fonds d'écran. Pour cela, cliquez sur *Choisir un dossier...* et, dans la fenêtre qui s'affiche, parcourez votre répertoire jusqu'au dossier désiré. Il apparaîtra désormais dans la liste des dossiers.

26 Comment changer son écran de veille ?

Pour changer votre écran de veille, rendez-vous dans le panneau *Bureau et économiseur d'écran* des *Préférences Système* (voir question 25).

Cliquez sur l'onglet *Économiseur d'écran*. Une liste des écrans de veille fournis par défaut s'affiche et vous pouvez cliquer sur chacun d'entre eux pour les prévisualiser dans la fenêtre de droite.

Figure 2-3

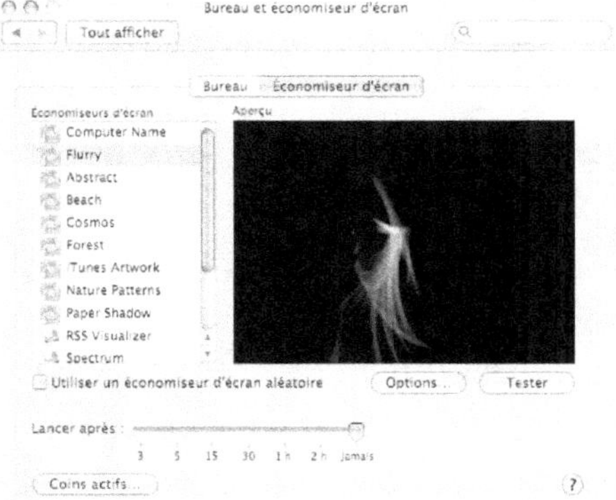

Panneau Bureau et économiseur d'écran, onglet Économiseur d'écran

Vous pouvez également choisir de lancer un économiseur d'écran différent à chaque fois que votre écran se met en veille. Pour cela, cochez la case *Utiliser un économiseur d'écran aléatoire*.

Vous devez également spécifier après combien de temps d'inactivité votre économiseur d'écran se lance. Faites glisser le curseur *Lancer après* pour spécifier une durée comprise entre 3 minutes et 2 heures. *Jamais* vous permet de désactiver l'économiseur d'écran.

Trois boutons sont à noter dans ce panneau : les boutons *Coins actifs...*, *Options* et *Tester* :

- Le bouton *Coins actifs* enfin vous permet de spécifier ce qui doit se passer lorsque vous déplacez votre curseur en bord d'écran. Vous pouvez ainsi appeler l'économiseur d'écran, le Dashboard (voir question 125) ou même Exposé (voir questions 33 et 34) rien qu'en déplaçant votre curseur vers les coins de l'écran.

- Le bouton *Options...* diffère en fonction de l'économiseur d'écran que vous choisissez et vous permet de modifier les paramètres du fond d'écran sélectionné.

- Le bouton *Tester* enfin, sert à visualiser immédiatement votre fond d'écran. Bougez la souris ou appuyez sur une touche pour revenir à votre bureau.

27 Comment changer la résolution de votre écran ?

Pour changer la résolution de l'affichage, si vous avez acheté un nouvel écran de dimension plus grande, ou si vous voulez changer vos habitudes, rendez-vous dans le panneau *Moniteur* des *Préférences Système*. Vérifiez que vous vous trouvez bien dans l'onglet *Moniteur*.

Dans la liste, vous aurez le choix entre différentes résolutions qui seront appliquées automatiquement à votre moniteur sur un simple clic. Si vous devez travailler sur plusieurs moniteurs ou simplement si vous trouvez cela plus pratique, cochez la case *Afficher Moniteurs dans la barre des menus* pour y créer un raccourci.

Vous pouvez également spécifier s'il faut *Ajuster automatiquement la luminosité à la lumière ambiante* en cochant la case correspondante : grâce à cette fonctionnalité, l'écran s'éclairera s'il détecte une baisse d'éclairage.

Figure 2-4

Écran à cristaux liquides couleur

Tout afficher

Moniteur   Couleur

Résolution :

640 x 480
640 x 480 (étendu)
720 x 480
800 x 600
800 x 600 (étendu)
896 x 600
1024 x 768
1024 x 768 (étendu)
1152 x 768
1280 x 854

Couleurs : Millions

Taux de rafraîchissement : n/d

Détecter les moniteurs

☑ Afficher Moniteurs dans la barre des menus   (?)

Luminosité

Panneau Moniteur, onglet Moniteur.

De plus, vous pouvez indiquer si les couleurs affichées doivent être déclinées en millions, milliers ou seulement 256 couleurs. Si vous décidez de tester ces différents paramètres, un message vous préviendra que certains éléments pourraient ne pas s'afficher si vous choisissez une résolution inférieure à 800 × 600 ou moins de 256 couleurs.

Pour une configuration automatique des écrans, un simple clic sur le bouton *Détecter les moniteurs* permettra au système d'exploitation de choisir par lui-même la meilleure configuration à appliquer en fonction de votre écran.

Un mot enfin sur l'onglet *Couleur* de ce même panneau : à partir de cette nouvelle liste, vous pourrez choisir un profil de couleurs à appliquer à votre moniteur. Nous vous conseillons vivement de conserver celui par défaut, à moins que vous ne sachiez exactement ce que vous faites.

28 Comment configurer un deuxième écran ?

Pour connecter plusieurs écrans à votre ordinateur, par exemple dans le cas d'un vidéoprojecteur, ou encore brancher un deuxième écran pour votre confort visuel

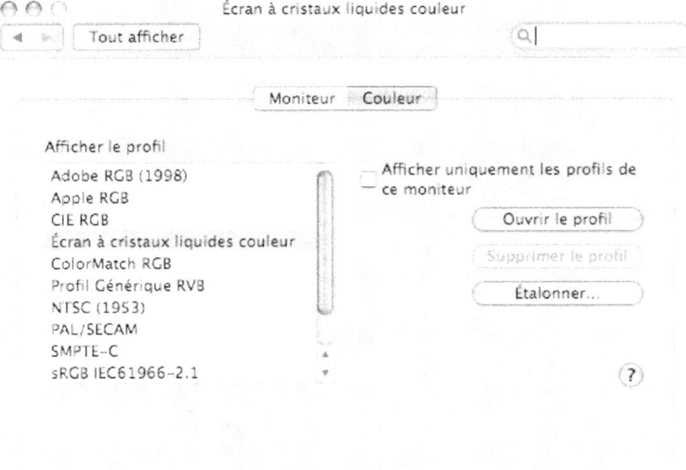

Panneau Moniteur, onglet Couleur

(manipuler le même nombre de fenêtres sur deux écrans étant beaucoup plus agréable), vous aurez tout d'abord besoin d'un câble vidéo pour chaque écran à connecter.

1. Éteignez les écrans et l'ordinateur.

2. Connectez les câbles à la sortie vidéo.

3. Une fois les branchements correctement effectués, rallumez l'ordinateur.

Normalement, tous les écrans doivent afficher la même image grâce à la recopie vidéo. Si ce n'est pas le cas, rendez-vous dans le panneau *Moniteurs* des *Préférences Système*.

Cliquez sur *Détecter les moniteurs*, ce qui permettra à l'ordinateur de reconnaître tous les écrans et de les configurer de manière optimale (même résolution, même nombre de couleurs).

29 Comment changer la disposition de vos écrans ?

Par défaut, lorsque vous connectez plusieurs écrans – comme un téléviseur ou un projecteur – à votre ordinateur, ils affichent l'image de l'écran principal de l'ordinateur : c'est ce que l'on appelle la recopie vidéo. Cependant, vous avez la possibilité de configurer différemment ces écrans, pour obtenir un bureau qui s'étendrait sur plusieurs écrans par exemple : il s'agit alors d'un bureau étendu.

Pour profiter de cette fonctionnalité, dans le panneau *Moniteurs* des *Préférences Système*, cliquez sur l'onglet *Disposition*. Si cet onglet n'apparaît pas, cela signifie que votre ordinateur ne gère que le mode de recopie vidéo.

Figure 2-6

Panneau Moniteur, onglet Disposition

Dans l'onglet *Disposition*, décochez la case *Recopie vidéo*. Votre bureau s'étend maintenant sur plusieurs écrans et vous n'avez qu'à déplacer les petites fenêtres symbolisant les écrans pour les réordonner. Bougez votre souris jusqu'à la frontière d'un moniteur et elle apparaît sur l'autre écran !

30 Comment classer les applications dans le Dock ?

Pour déterminer l'ordre des applications dans le Dock, sélectionnez l'icône de l'application à déplacer et opérez un glisser-déposer dans le *Dock* à son nouvel emplacement dans la barre sans relâcher le bouton de la souris. En effet, vous remarquerez qu'en déplaçant votre curseur sans relâcher l'icône, les icônes des autres applications se poussent pour laisser la place à la nouvelle.

B.A.-BA

L'icône du Finder reste toujours celle la plus à gauche, et elle ne se poussera donc pas pour laisser un raccourci à sa gauche.

31 Comment changer l'emplacement du Dock ?

Lorsque vous démarrez pour la première fois votre session sous Mac OS X, le Dock se situe par défaut en bas de l'écran. Toutefois, il vous est possible de le déplacer pour qu'il se place à votre choix soit à gauche, soit à droite de votre écran.

Pour changer son emplacement, cliquez sur le *menu Pomme* puis pointez avec votre souris le menu *Dock*. Cliquez simplement sur *Positionner à gauche*, *Positionner à droite* ou *Positionner en bas* pour modifier l'emplacement du Dock.

Astuce

Vous pouvez également spécifier l'emplacement du Dock à partir du menu *Pomme>Dock>Préférences du Dock*, puis en sélectionnant la position *Gauche*, *Bas* ou *Droite* du menu *Position*.

32 Comment changer la taille du Dock ?

Pour changer la taille du Dock, rendez-vous dans les *Préférences du Dock* depuis *le* menu *Pomme*, ou encore à partir du panneau *Dock* des *Préférences Système*.

Figure 2-7

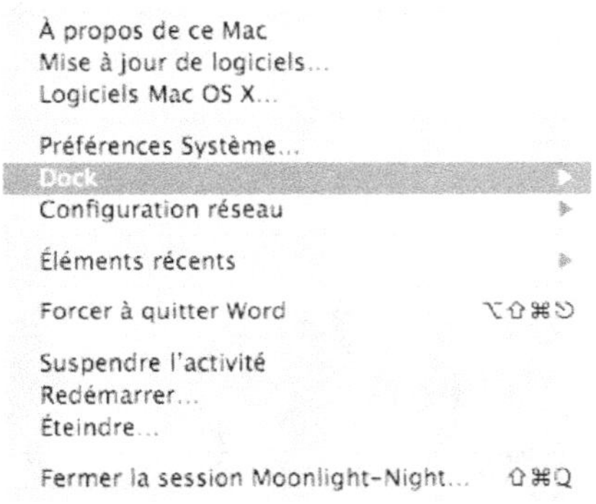

```
À propos de ce Mac
Mise à jour de logiciels…
Logiciels Mac OS X…

Préférences Système…
Dock                                    ▶
Configuration réseau                    ▶

Éléments récents                        ▶

Forcer à quitter Word              ⌥⇧⌘⌫

Suspendre l'activité
Redémarrer…
Éteindre…

Fermer la session Moonlight-Night…    ⇧⌘Q
```

Préférences du Dock

À partir de ce panneau, faites glisser le curseur de la *Taille du Dock* le long de la ligne pour obtenir un Dock plus grand (vers la droite) ou plus petit (vers la gauche).

Vous pouvez également spécifier la taille de l'agrandissement qui survient lorsque vous survolez vos icônes avec la souris. Pour activer cette option, cochez Agrandissement, et déplacez votre curseur vers la droite pour augmenter la taille. Vous pouvez désactiver cet effet en décochant simplement la case Agrandissement.

Enfin, il vous est possible de choisir le type de réduction de votre fenêtre (effet génie et effet d'échelle), ainsi que le masquage/affichage automatique du Dock : cette dernière option vous permet de faire disparaître le Dock de votre bureau. Pour le rappeler une fois masqué, déplacez votre curseur le long du bord de l'écran.

33 Comment voir d'un coup d'œil toutes les fenêtres ouvertes ?

Avoir un œil sur toutes les fenêtres ouvertes peut être très pratique. Utilisez Exposé, avec le raccourci *F9* (ou *Fn* + *F9*) : toutes les fenêtres sont miniaturisées et se placent sur l'écran avec un effet graphique de déplacement (voir figure 2-8). Le survol d'une fenêtre vous donne des informations comme son titre et le nom de l'application associée. Cliquez sur la fenêtre de votre choix pour y revenir. Vous pouvez utiliser ceci pour passer d'une application à l'autre comme vu à la question 16.

Figure 2-8

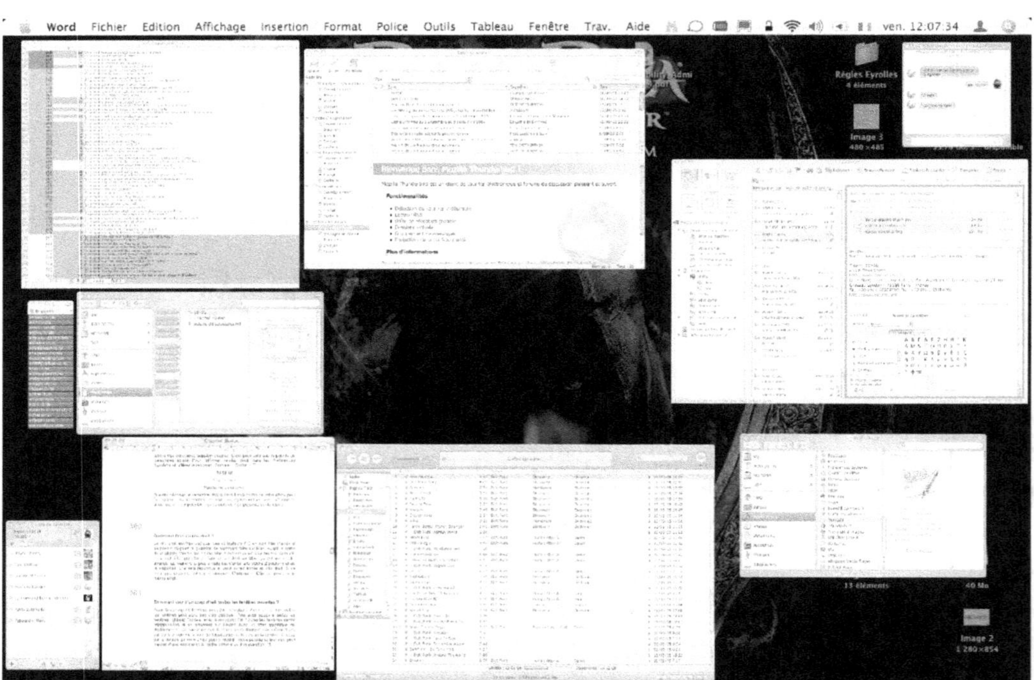

Exposé en action

34 Comment configurer les coins de l'écran pour Exposé ?

Les raccourcis clavier vus à la question 16 ne sont pas le seul moyen dont vous disposiez pour appeler cette fonction. Les coins actifs de l'écran vous permettent de spécifier ce qui doit se passer lorsque vous déplacez votre curseur en bord d'écran.

Pour configurer Exposé en tant que coin actif, rendez-vous dans le panneau *Dashboard et Exposé* et intéressez-vous à la section *Coins d'écrans actifs*.

Figure 2-9

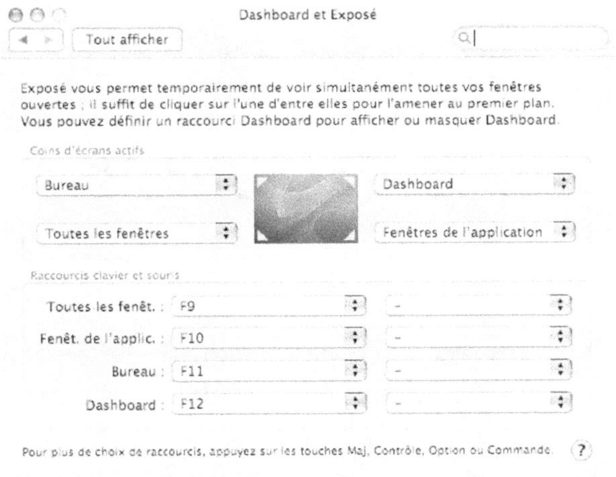

Panneau Dashboard et Exposé

Comme votre écran comporte quatre coins, vous avez la possibilité d'assigner quatre comportements différents aux coins actifs. Cliquez sur l'un des menus déroulants pour lister les différentes possibilités.

Figure 2-10

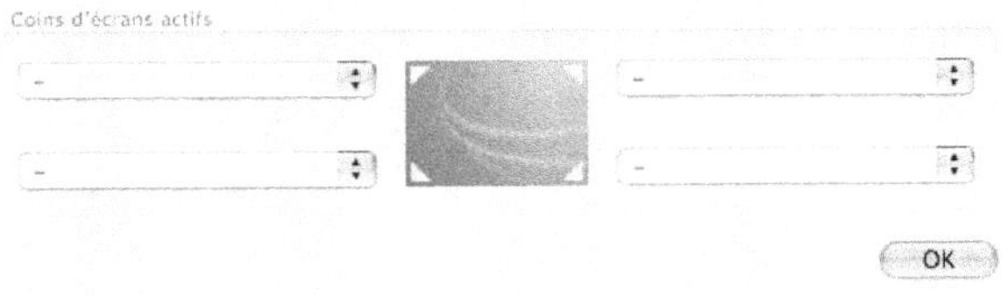

Comportements des coins actifs

La section qui nous intéresse ici est celle concernant Exposé. Vous pouvez effectivement assigner à un coin actif d'afficher le bureau, le Dashboard, toutes les fenêtres ou encore toutes les fenêtres de l'application que vous utilisez. Ainsi, l'exemple de la figure 2-9 donnera les comportements suivants :

- En déplaçant votre curseur vers le coin supérieur gauche de l'écran, vous retrouverez votre bureau.

- En déplaçant votre curseur vers le coin supérieur droit de l'écran, vous appellerez le Dashboard.

- En déplaçant votre curseur vers le coin inférieur gauche de l'écran, toutes les fenêtres actuellement ouvertes s'afficheront.

- En déplaçant votre curseur vers le coin inférieur droit de l'écran, seules les fenêtres de l'application active s'afficheront.

35 Comment changer les raccourcis d'Exposé ?

Comme nous l'avons vu en question 16, les raccourcis par défaut d'Exposé sont les touches *F9, F10, F11, F12*. Néanmoins, vous pouvez tout à fait modifier cette configuration par défaut en vous rendant dans le panneau *Dashboard et Exposé*.

À partir de la section *Raccourcis clavier et souris*, vous pouvez modifier les raccourcis associés à chacun des comportements d'Exposé. Pour cela, cliquez sur les menus déroulants présents à côté de chaque intitulé et effectuez les modifications que vous désirez.

Figure 2-11

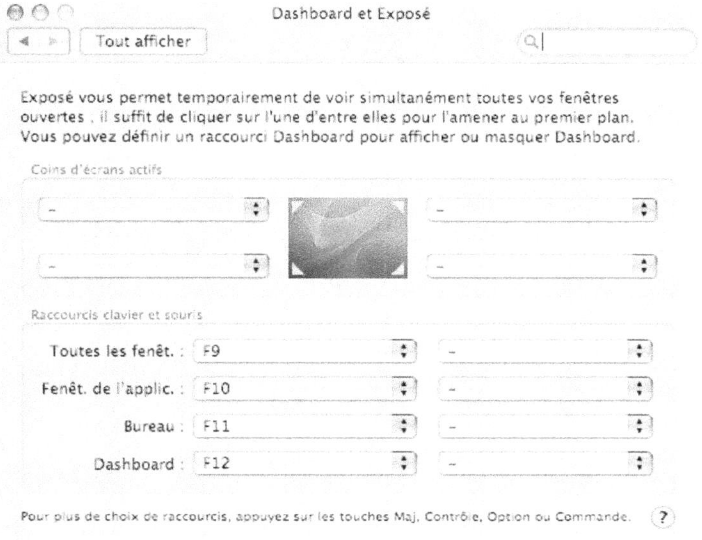

Dashboard et Exposé

Exposé vous permet temporairement de voir simultanément toutes vos fenêtres ouvertes ; il suffit de cliquer sur l'une d'entre elles pour l'amener au premier plan. Vous pouvez définir un raccourci Dashboard pour afficher ou masquer Dashboard.

Coins d'écrans actifs

Raccourcis clavier et souris

Toutes les fenêt. : F9

Fenêt. de l'applic. : F10

Bureau : F11

Dashboard : F12

Pour plus de choix de raccourcis, appuyez sur les touches Maj, Contrôle, Option ou Commande.

Changer les raccourcis d'Exposé

Note

Vous pouvez combiner différentes touches pour avoir des raccourcis plus complexes, comme *Contrôle* +une touche, ou *Shift* +une touche. Pour cela, dans le premier menu déroulant, sélectionnez la touche *Contrôle*, *Shift* ou autre, et la seconde touche dans le deuxième menu déroulant.

36 Comment voir les informations de votre ordinateur (processeur, mémoire, etc.) ?

Vous avez plusieurs manières d'obtenir les informations de votre ordinateur :

- Rendez-vous dans le menu *Pomme>À propos de ce Mac :* cette première fenêtre vous indiquera les informations essentielles de votre ordinateur, à savoir son processeur et sa mémoire.

Figure 2-12

À propos de ce Mac

En cliquant sur le bouton *Plus d'infos...* de cette même fenêtre, vous accéderez à un panneau beaucoup plus détaillé, celui des *Informations Système*. Vous pouvez également accéder aux *Informations Système* via le dossier *Applications/Utilitaires*.

Figure 2-13

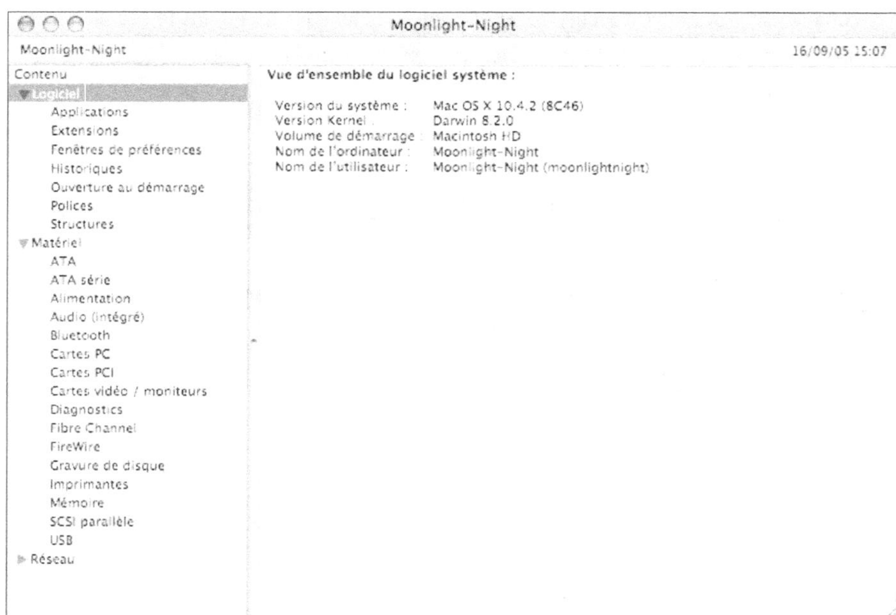

Les Informations Système

Les informations système se présentent comme sur la figure 2-13. Vous constatez qu'elles se scindent en trois parties : logiciel, matériel et réseau. Naviguez dans les différentes sous-catégories pour obtenir toutes les informations que vous désirez : applications installées, polices, périphériques, interfaces réseau...

37 Comment régler la date et l'heure ?

L'horloge de Mac OS X se base sur celle de votre ordinateur et est donc par défaut bien configurée. Si néanmoins vous souhaitez changer les paramètres concernant la date et l'heure, pour vous relier par exemple à une horloge universelle, rendez-vous dans le panneau *Date et heure* des *Préférences Système*.

Dans le premier onglet *Date et heure*, décochez la case *Régler automatiquement* si vous désirez appliquer vos propres paramètres. Le menu déroulant à droite de la case de réglage automatique vous indique à partir de quel site web sont récupérées automatiquement les informations de date et d'heure (par défaut, il s'agit d'Apple Europe).

Figure 2-14

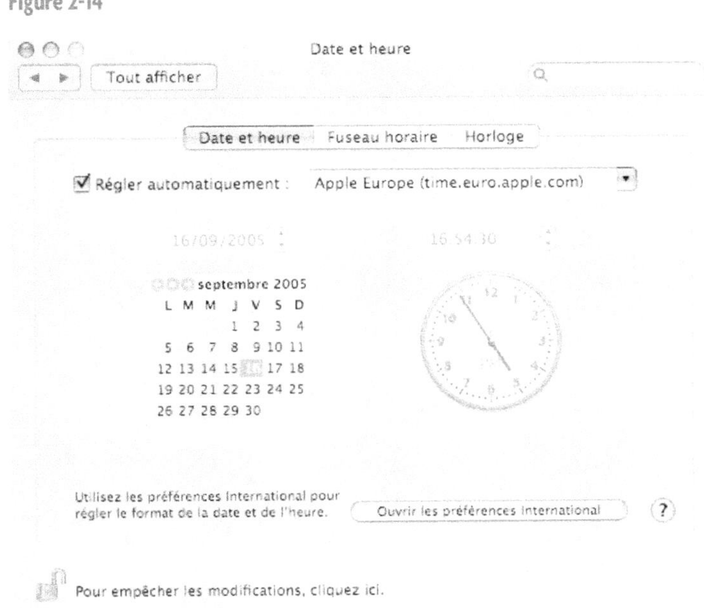

Panneau Date et heure, Onglet Date et heure

Dans l'onglet *Fuseau horaire*, sélectionnez le fuseau horaire dans le menu déroulant *Ville la plus proche*.

Figure 2-15

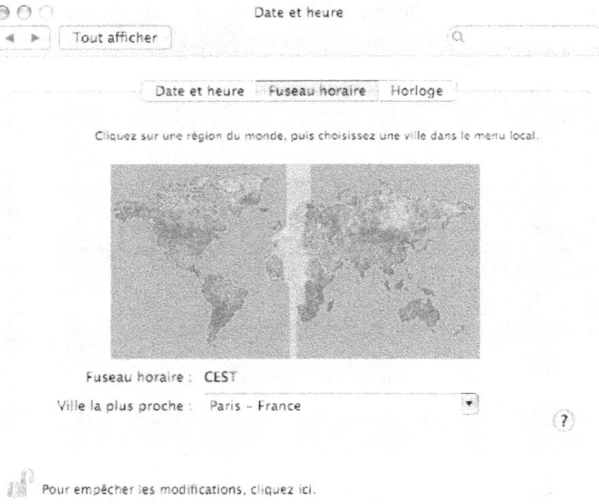

Panneau Date et Heure, Onglet Fuseau horaire

Enfin, dans l'onglet *Horloge*, vous pouvez choisir d'afficher la date et l'heure soit dans la barre des menus, soit dans la fenêtre ; d'opter pour un affichage numérique ou analogique ; ainsi que d'autres options telles que afficher AM/PM, afficher le jour de la semaine, utiliser des séparateurs clignotants, afficher l'horloge en 24 heures... Il est également possible d'annoncer l'heure grâce aux fonctions vocales de Mac OS X.

Figure 2-16

Panneau Date et Heure, Onglet Horloge

Pour changer le format de la date et de l'heure, rendez-vous dans le panneau *International* des *Préférences Système*, dans l'onglet *Formats*. À partir de là, vous pouvez spécifier un nouveau format de date, d'heure et même de nombre. Choisissez une région, ou bien encore cliquez sur le bouton *Personnaliser*.

Figure 2-17

Onglet Formats du panneau International

Si vous rencontrez des difficultés à changer l'heure et la date, n'oubliez pas que vous devez posséder les droits d'administration de la machine. Pour cela, cliquez sur le petit cadenas en bas à gauche de la fenêtre et entrez les nom et mot de passe d'un compte administrateur.

38 Comment changer la langue de votre système ?

Sous Mac OS X Tiger, vous pouvez changer intégralement la langue de votre système en un seul clic ! Non seulement les noms des menus système changeront, mais aussi tous les menus des applications propriétaires Apple.

Pour changer la langue de votre système, rendez-vous dans le panneau *International* des *Préférences Système*. Dans l'onglet *Langues*, glissez-déposez au sommet de la liste des langues celle que vous désirez appliquer à votre session.

Figure 2-18

Onglet Langues du panneau International

Attention néanmoins, ces paramètres ne prendront effet que la prochaine fois que vous ouvrirez votre session (pour la fermer et la relancer : sélectionnez *Menu Pomme>Fermer la session*, puis cliquez sur votre nom d'utilisateur et entrez votre mot de passe) et au prochain lancement des applications.

39 Comment changer la langue du clavier ?

Par défaut, Mac OS X intègre de nombreux standards de clavier : en quelques clics, il vous est possible d'écrire aussi bien en grec qu'en arabe !

Pour changer la langue de votre clavier, rendez-vous dans le panneau *International* des *Préférences Système*. Dans l'onglet *Menu Saisie*, cochez les cases des langues à activer.

Dans la même fenêtre, cochez la case *Afficher le menu Saisie dans la barre des menus* pour changer aisément de langue. En effet, désormais vous n'aurez plus qu'à cliquer sur le petit drapeau français qui s'affiche à gauche de l'horloge puis à choisir dans la liste pour changer la langue du clavier.

40 Comment changer les paramètres de clavier ?

Certains paramètres de votre clavier sont personnalisables : répétition des touches, pause avant répétition, touches de fonctions...

Pour les régler à votre convenance, rendez-vous dans le panneau *Clavier et souris* des *Préférences Système*, onglet *Clavier*. Plusieurs paramètres s'offrent à vous :

- *Répétition des touches* : le nombre de lettres qu'affichera un appui prolongé sur une touche du clavier (plus la vitesse est élevée, plus nombreuses seront les répétitions).

- *Pause avant répétition* : le temps qui s'écoulera avant que l'appui prolongé sur une touche ne déclenche la répétition de la lettre.

- *Utiliser les touches F1-F12 pour contrôler les fonctions logicielles* : si vous activez cette option, il vous faudra appuyer sur la touche *Fn* pour accéder aux fonctions telles que le contrôle du volume ou changer la disposition des écrans son à partir du clavier.

- *Éclairer le clavier si la lumière ambiante est faible* (mais aussi désactiver cette fonction si l'ordinateur est inactif).

- Vous pouvez également modifier les raccourcis clavier, reportez-vous à la question 132.

41 Comment augmenter la vitesse de déplacement de la souris ?

Vous trouvez que votre souris se déplace trop rapidement, ou alors que le double-clic est trop lent ? Aucun souci, vous pouvez également configurer les moindres déplacements de votre souris.

Pour cela, rendez-vous dans le panneau *Clavier et souris* des *Préférences Système*. Dans l'onglet *Souris*, plusieurs options de configuration s'offrent à vous, comme le montre la figure 2-19.

Figure 2-19

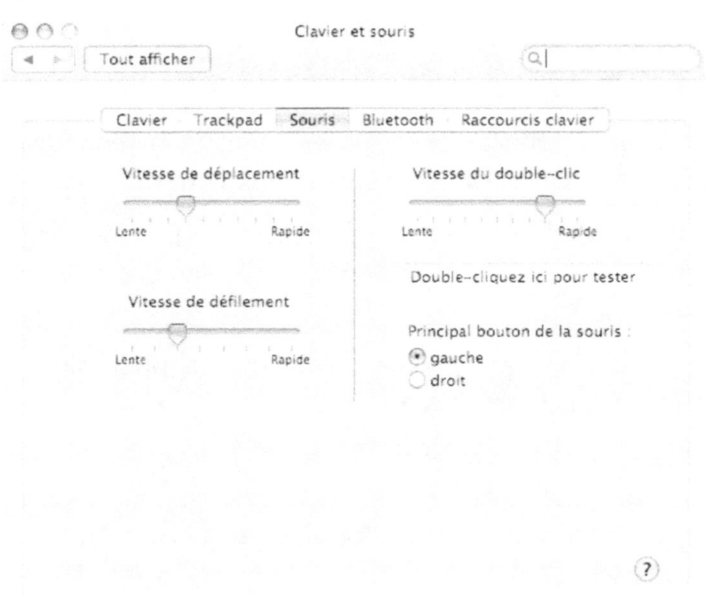

Onglet Souris du panneau Clavier et souris

Dans la fenêtre de gauche, réglez la vitesse de déplacement et la vitesse de défilement en faisant glisser le curseur du plus lent (vers la gauche) au plus rapide (vers la droite).

Procédez de la même manière pour régler la vitesse du double-clic dans la fenêtre de droite. Testez le double-clic dans l'espace prévu à cet effet juste en dessous. Enfin, vous pouvez choisir le bouton principal de la souris, c'est-à-dire le bouton auquel vous accédez directement sur les souris à un bouton : le gauche ou le droit.

42 Comment configurer une souris à plusieurs boutons ?

Si vous connectez une souris à plusieurs boutons à votre ordinateur, Mac OS X reconnaîtra intuitivement les boutons gauche et droit, ainsi que la molette.

Pour des souris comportant de nombreux boutons, il vous faudra installer le pilote du constructeur, qui est en général fourni avec votre matériel et dans tous les cas téléchargeable sur le site web du constructeur.

Pour accéder à la configuration des boutons une fois les pilotes installés, vous n'aurez qu'à ouvrir les *Préférences Système* et l'application de configuration de la souris apparaîtra dans la rubrique *Autres*.

43 Comment modifier les sons d'alerte ?

Vous l'avez sûrement déjà entendu, votre Mac vous signifie certaines actions par des sons d'alerte : message information, erreur, réception d'un message... Vous pouvez configurer ces sons et même en choisir de nouveaux parmi une liste prédéfinie.

Pour cela, rendez-vous dans le panneau *Son* des *Préférences Système*. Dans l'onglet *Effets sonores*, choisissez un style de son d'alerte parmi la liste proposée : de *Basso* à *Tink* en passant par *Pop* et *Submarine*...

C'est également à partir de ce panneau que vous réglerez le volume des sons d'alerte, et même désactiverez les effets sonores.

Figure 2-20

Onglet Effets sonores du panneau Son

44 Comment changer l'entrée son de mon Mac ?

Vous êtes un passionné de musique, mais décidément, enregistrer votre dernière composition à la guitare à l'aide du micro interne ne donne pas un résultat à la hauteur de vos espérances...

Heureusement, vous pouvez changer l'entrée son de votre Mac. Rendez-vous dans le panneau *Son* des *Préférences Système*, onglet *Entrée*. Dans la liste qui s'affiche, vous n'avez plus qu'à sélectionner l'entrée son que vous désirez utiliser :

- *Micro interne* : cette entrée est l'entrée par défaut sur votre ordinateur, le microphone étant situé dans la carcasse de votre appareil.

- *Entrée ligne* : cette entrée vous permet d'effectuer le branchement d'instruments externes, qu'il s'agisse d'un micro externe ou d'instruments MIDI. Elle se situe à côté de la sortie son de votre ordinateur.

- *Entrée numérique* : si vous disposez d'une entrée numérique sur votre ordinateur, vous pouvez tout à fait activer cette entrée son.

Pour tous les types d'entrées, vous pouvez vérifier le niveau d'entrée du son (plus le son est fort plus le nombre de barres bleues augmente), et configurer le volume.

45 Comment mettre à jour votre Mac ?

Apple publie régulièrement des mises à jour pour Mac OS X telles que Tiger, et auparavant Panther, Jaguar, Cheeta... Ces mises à jour dites majeures sont payantes et contiennent en général beaucoup de nouvelles fonctionnalités (citons pour Mac OS X Tiger le Dashboard ou Spotlight).

Néanmoins des mises à jour gratuites, dites mineures, sont encore plus régulièrement proposées aux utilisateurs de Mac OS X, corrigeant certaines failles de sécurité, ou apportant des mises à jour aux logiciels Apple (iTunes, Mail, Safari...).

Pour profiter de ces mises à jour, vous n'avez aucun logiciel à installer, ni à vous soucier de rechercher manuellement chaque nouveau patch sur le Web.

Rendez-vous dans le *menu Pomme>Mise à jour de logiciels*. Si vous disposez d'un accès à Internet, ce petit programme ira rechercher et télécharger automatiquement les dernières versions disponibles.

Figure 2-21

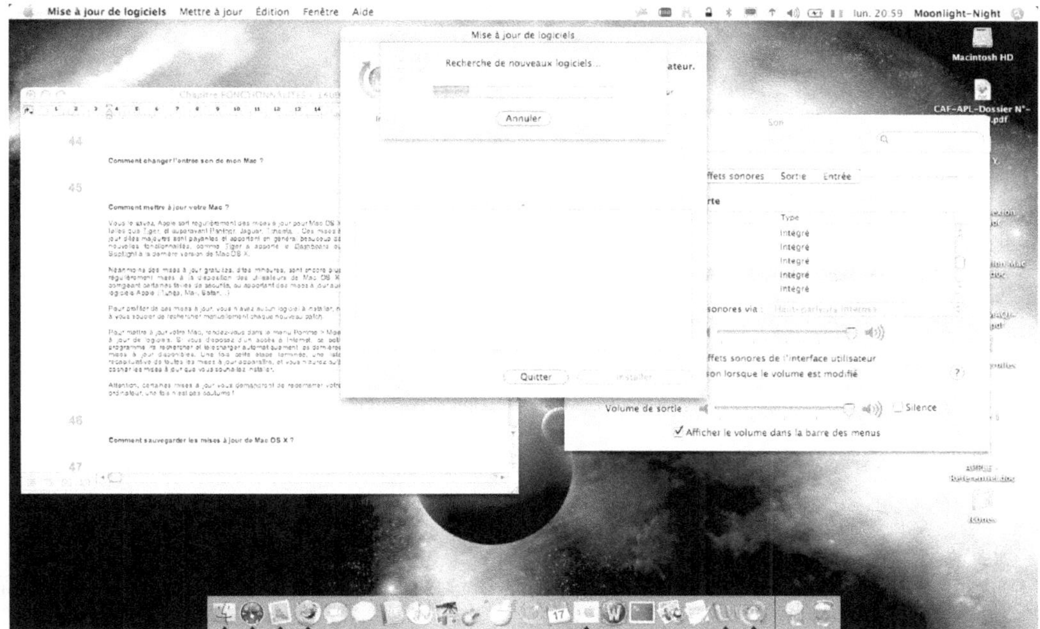

Recherche des mises à jour disponibles

Une fois cette étape terminée, une liste récapitulative de toutes les mises à jour apparaîtra, et vous n'aurez qu'à cocher celles que vous souhaitez installer.

Attention, certaines mises à jour vous demanderont de redémarrer votre ordinateur.

46 Comment sauvegarder les mises à jour de Mac OS X ?

Comme nous l'avons vu en question 45, vous pouvez télécharger automatiquement les mises à jour des logiciels fournis avec Mac OS X. Néanmoins, certaines mises à jour nécessitant un redémarrage, il se peut que vous n'ayez pas envie de les installer immédiatement après le téléchargement, ou alors que vous souhaitiez en garder le fichier d'installation sur votre ordinateur.

Pour faire face à ces situations, vous pouvez paramétrer différents comportements. Ouvrez l'application de mise à jour de logiciels. Dans le menu *Mettre à jour* de l'application, à côté du menu *Pomme*, choisissez la méthode de téléchargement :

Figure 2-22

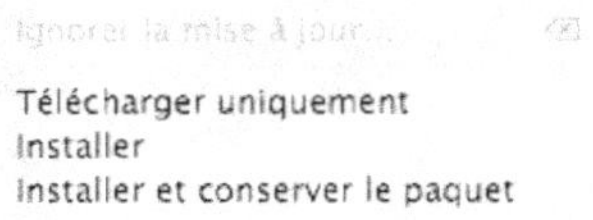

Télécharger uniquement
Installer
Installer et conserver le paquet

Menu Mettre à jour

- *Télécharger uniquement* : l'installation ne s'effectuera pas après le téléchargement des mises à jour.

- *Installer* : si vous avez précédemment téléchargé des mises à jour sans les installer, vous avez ici la possibilité de les installer simplement.

- *Installer et conserver le paquet* : même une fois l'installation effectuée, le paquet de la mise à jour téléchargée sera conservé.

47 Comment créer un compte utilisateur ?

Comme beaucoup de familles, vous partagez sans doute votre ordinateur avec un proche. À moins que cela ne soit dans le cadre professionnel ? Vous pouvez grâce à Mac OS X gérer plusieurs comptes utilisateur. Cette gestion permet donc à chaque utilisateur d'assurer la confidentialité de ses données, puisque non accessibles aux autres utilisateurs, et d'avoir une interface personnalisée selon le goût de chacun des utilisateurs de la machine.

Mac OS X est un système d'exploitation orienté multi-utilisateur, ce qui signifie que vous pouvez créer et utiliser le plus simplement du monde de nombreux comptes utilisateur. Il vous est même possible de passer rapidement d'une session à une autre sur des comptes différents sans avoir à éteindre votre session (voir question 50).

Pour profiter de ces fonctionnalités, commencez par créer un nouvel utilisateur. Rendez-vous dans le panneau *Comptes* des *Préférences Système*.

Figure 2-23

Panneau Comptes des Préférences Système

Dans la liste des comptes, dans la section *Mon compte*, les informations relatives à votre compte apparaissent. Par défaut, lors de votre première session sous Mac OS X, un compte administrateur a été créé. Vous avez la possibilité de créer d'autres comptes qui ne seront pas forcément des administrateurs sur votre machine.

Cliquez sur le bouton + en dessous de la liste des comptes présents sur la machine. Si ce bouton est grisé, cliquez sur le petit cadenas en dessous de la fenêtre, et entrez vos informations administrateur avant d'ajouter un nouveau compte.

Figure 2-24

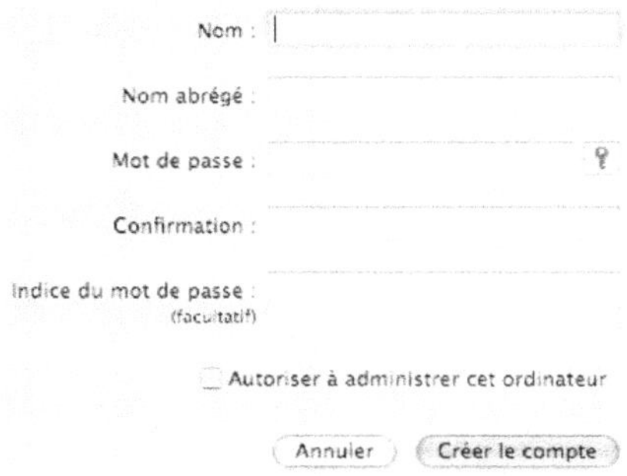

Vous devrez remplir plusieurs champs :

- Le *Nom* est le celui qui apparaîtra dans la fenêtre de login et aux divers autres endroits nécessitant que vous vous authentifiiez.

- Le *Nom abrégé* est dérivé du nom (à moins que vous ne spécifiiez un nom particulier). Il s'écrit tout en minuscules et ne comporte pas d'espace. Il ne peut être modifié après la création du compte.

- Le *Mot de passe* : si vous êtes en panne d'inspiration, cliquez sur la petite clé à droite du champ de mot de passe. Un générateur de mots de passe vous aidera à trouver votre bonheur : vous pouvez choisir un mot de passe aléatoire, mémorisable, manuel... Attention, avant de fermer la fenêtre, pensez à faire un copier-coller du mot de passe choisi car il ne réapparaîtra pas sous forme visible (mais sera remplacé par des petits points noirs).

Figure 2-25

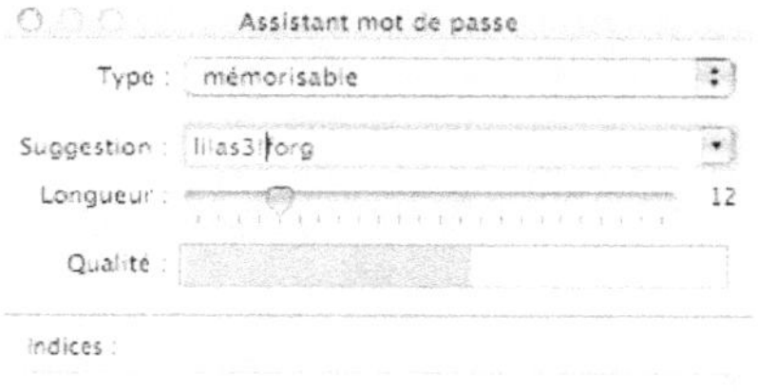

<table>
<tr><td>○ ○ ○</td><td>Assistant mot de passe</td></tr>
<tr><td>Type :</td><td>mémorisable</td></tr>
<tr><td>Suggestion :</td><td>lilas3!forg</td></tr>
<tr><td>Longueur :</td><td>12</td></tr>
<tr><td>Qualité :</td><td></td></tr>
<tr><td>Indices :</td><td></td></tr>
</table>

Générateur de mots de passe

- La *Confirmation* : il s'agit d'entrer une seconde fois le mot de passe ; c'est à cette étape que le copier-coller du précédent mot de passe se révèle utile si vous ne le connaissez pas encore par cœur.

- L'*Indice du mot de passe* : si vous ne vous souvenez plus de votre mot de passe, au bout de trois échecs, vous aurez la possibilité de voir l'indice que vous spécifiez ici pour vous aider à vous le rappeler. Attention cependant à ne pas le rendre trop évident !

- Enfin, cochez la case *Autoriser à administrer cet ordinateur* uniquement si vous voulez que le nouvel utilisateur jouisse des droits d'administrateur.

Pour finir, cliquez sur *Créer le compte*. Vous n'avez plus qu'à fournir le nom et le mot de passe de connexion à l'utilisateur en question pour qu'il puisse démarrer sa session et personnaliser son compte. En tant qu'administrateur, il vous est également possible de modifier certains paramètres ; pour cela rendez-vous question 49.

48 Comment supprimer un compte utilisateur ?

Vous avez créé un compte dont vous n'avez plus l'utilité ? Pour le supprimer, rien de plus simple, rendez-vous dans le panneau *Comptes* des *Préférences Système*. Dans la liste des comptes, sélectionnez celui que vous souhaitez supprimer, puis cliquez sur le bouton - en bas de la liste.

Si vous ne pouvez pas cliquer sur ce bouton, cliquez une fois sur le cadenas pour le déverrouiller et entrez vos informations d'administrateur. Cliquez à nouveau sur le bouton - pour supprimer le compte.

Une fenêtre comme celle de la figure 2-26 devrait apparaître.

Figure 2-26

Suppression d'un compte

En effet, lors de la suppression d'un compte utilisateur, vous pouvez choisir de conserver sous la forme d'une archive le répertoire de l'utilisateur que vous devez supprimer. Cela peut s'avérer utile si l'utilisateur souhaite conserver ses dossiers et préférences pour les transférer sur un autre ordinateur. Dans ce cas, cliquez sur *Ok*, et l'archive sera placée dans le dossier *Utilisateurs supprimés* de votre système.

Vous pouvez très bien choisir de supprimer purement et simplement un utilisateur, sans conserver aucune trace de son existence : pour cela cliquez sur le bouton *Supprimer immédiatement*.

49 Comment changer l'avatar d'un utilisateur ?

L'avatar est l'image représentant un utilisateur, que ce soit lors de l'ouverture de session, dans votre fiche du carnet d'adresses ou comme icône iChat. Qu'il s'agisse de votre compte, ou bien que vous soyez administrateur de l'ordinateur, vous pouvez à tout moment modifier l'avatar qui accompagne un compte utilisateur.

Mac OS X fournit une liste d'images parmi lesquelles vous pouvez choisir votre avatar. Pour cela, rendez-vous dans le panneau *Comptes* des *Préférences Système*. Cliquez sur le compte qui vous intéresse et rendez-vous dans l'onglet *Image*. Dans la liste des images proposées, choisissez votre avatar.

Figure 2-27

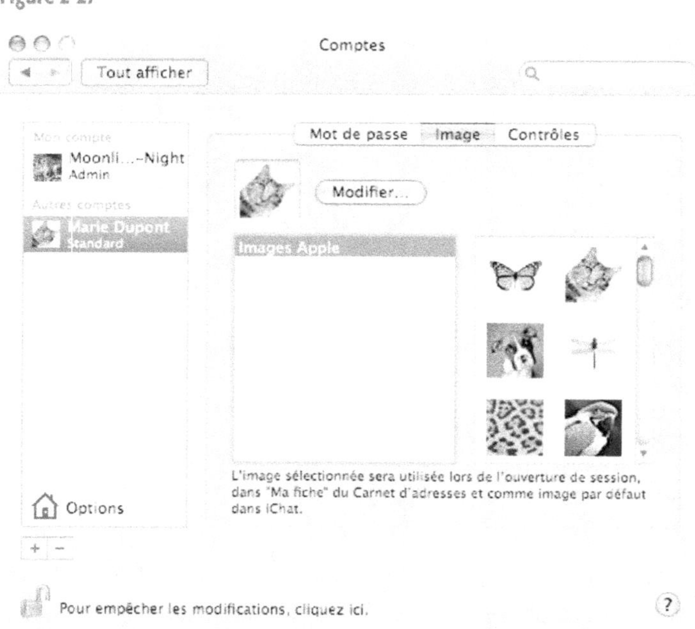

Onglet Image d'un compte utilisateur

Si vous n'y trouvez pas votre bonheur, cliquez sur le bouton *Modifier* pour importer une image. Une fenêtre comme celle présentée à la figure 2-27 devrait s'afficher. Parcourez votre disque dur en cliquant sur le bouton *Choisir...* jusqu'à trouver l'image de votre choix. Vous pouvez également glisser-déposer l'image directement dans le cadre prévu à cet effet. Avec le petit curseur qui se trouve sous l'image vous pouvez dimensionner l'avatar comme vous le désirez.

Astuce

Une petite fonctionnalité vous permet même d'importer une photo que vous prenez directement depuis un appareil numérique : pour en profiter, connectez l'appareil à l'ordinateur et cliquez sur le bouton en forme de caméra.

Une fois votre choix fait, cliquez sur le bouton *Définir* pour que votre nouvel avatar soit pris en compte.

50 Comment activer la permutation rapide d'utilisateurs ?

Imaginez que vous êtes en train de travailler sur un document important sur votre session et que votre fils fait irruption dans la pièce en vous suppliant de lui laisser l'accès à Internet quelques minutes. Pas de panique, vous n'avez même pas à fermer votre éditeur de texte et tous vos dossiers, car un simple clic sur l'icône de permutation rapide vous permet de changer de session le plus simplement du monde. Un nouveau clic et vous retrouverez votre bureau exactement comme vous l'aviez laissé !

Pour activer la permutation rapide d'utilisateurs, rendez-vous dans le panneau *Comptes* des *Préférences Système*. Cliquez sur le bouton *Options*. Cette fenêtre vous permet de paramétrer de nombreuses fonctionnalités liées à l'ouverture et à la fermeture des sessions :

- *Ouvrir une session automatiquement* : en activant cette option, vous n'aurez pas à entrer de login ou de mot de passe et la session démarrera automatiquement pour l'utilisateur que vous précisez.

- *Ouverture de session par...* : choisissez ici le mode de représentation de l'ouverture de session :

  - *Liste d'utilisateurs* : affiche une liste d'utilisateurs parmi lesquels vous choisissez un compte et entrez un mot de passe.

  - *Nom et mot de passe* : à vous de taper le nom et le mot de passe pour vous authentifier sur l'ordinateur.

Figure 2-28

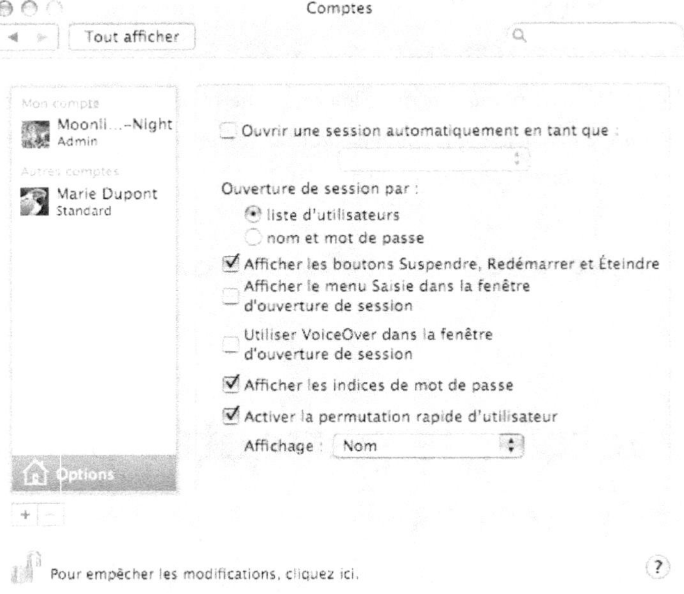

Écran d'options des comptes

- *Afficher les boutons Suspendre, Redémarrer et Éteindre* : si vous désactivez cette fonction, les utilisateurs n'auront pas la possibilité d'effectuer ces opérations.

- *Afficher le menu Saisie dans la fenêtre d'ouverture de session* : vous permet de choisir la langue du système.

- *Utiliser VoiceOver dans la fenêtre d'ouverture de session* : cette fonction énumère à voix haute les comptes listés à l'ouverture de session afin d'aider les malvoyants (ou pour le plaisir des fans de la voix robotique des débuts du Mac).

- *Afficher les indices de mot de passe* : en cas d'oubli de votre mot de passe, c'est-à-dire après trois tentatives infructueuses, l'indice de mot de passe que vous avez spécifié à la création du compte s'affichera.

- *Activer la permutation rapide d'utilisateur* : c'est enfin cette fonctionnalité qui nous intéresse ici. Cochez la case et choisissez un mode d'affichage (ce qui apparaîtra dans la barre en haut à droite de votre écran) : à votre convenance le nom de l'utilisateur en cours, son nom abrégé ou une simple icône.

51 Comment permuter rapidement d'une session à une autre ?

Pour passer ensuite d'une session à l'autre, cliquez simplement sur votre nom (ou nom abrégé ou icône de bonhomme, suivant le mode d'affichage que vous avez choisi) en haut à droite de la barre des menus, juste à coté de la loupe de Spotlight. Cliquez sur le nom d'un autre compte ou appelez l'écran d'ouverture de session. Entrez les informations de l'autre compte et la nouvelle session démarre automatiquement !

Figure 2-29

Menu de permutation rapide d'utilisateurs

52 Comment transférer le contenu d'un Mac vers un autre ?

Pour récupérer les informations d'un autre Mac, vous devez d'abord connecter les deux ordinateurs entre eux. Le moyen que nous vous recommandons d'utiliser si vous désirez transférer des comptes utilisateur et autres préférences d'un système à l'autre est d'utiliser le mode *Target* via le FireWire (voir question 279).

Une fois les ordinateurs reliés en mode *Target* (voir question 70), à partir de votre ordinateur, vous serez à même d'accéder au contenu de cet autre Mac comme s'il s'agissait d'un disque dur externe, et ainsi de transférer tout ce dont vous avez besoin vers le nouveau Mac.

53 Comment mémoriser des mots de passe ?

Qu'il s'agisse d'ouvrir votre session, de relever vos e-mails, de vous connecter à votre site Internet préféré, etc. il vous faut retenir un grand nombre de mots de passe différents.

Heureusement, sous Mac OS X, le *Trousseau* se charge de retenir tous vos mots de passe si vous l'y autorisez, et de les attribuer à votre session. Ainsi, à chaque démarrage de votre ordinateur, le système saura exactement quels mots de passe utiliser pour quelles applications et surtout pour que utilisateur !

Si vous le souhaitez, lorsqu'une fenêtre vous demandant si vous souhaitez conserver le mot de passe dans le *Trousseau* apparaît, cliquez simplement sur *Oui*. Le mot de passe sera automatiquement ajouté à votre *Trousseau*, ainsi que les informations qui sont liées à son utilisation.

54 Comment afficher les mots de passe stockés sur votre ordinateur ?

Votre trousseau par défaut se nomme Session. Pour retrouver tous les mots de passe qu'il contient, ouvrez l'utilitaire *Trousseau d'accès* à partir du dossier */Applications/ Utilitaires.*

Figure 2-30

Nom	Type	Date de modification	Trousseau
vpn supinfo	Connexion à Internet	01/09/05 19:11	session
wobak	mot de passe .Mac	25/08/05 20:51	session
xserver	mot de passe AppleShare	25/08/05 18:12	session
xserver	mot de passe AppleShare	21/09/05 15:04	session
.NET Messenger Service	mot de passe de l'application	29/08/05 10:40	session
Remplissage automatique de formulaires Safari	mot de passe de l'application	29/08/05 13:42	session
Exchange	mot de passe de l'application	11/09/05 12:28	session
IISSupport	mot de passe de l'application	13/09/05 12:41	session
Skype.credentials	mot de passe de l'application	16/09/05 13:52	session
Jabber, tibo974@gmail.com	mot de passe de l'application	19/09/05 14:30	session
Exchange	mot de passe de l'application	16/09/05 16:55	session
cotvnc	mot de passe de l'application	21/09/05 15:55	session
cotvnc	mot de passe de l'application	21/09/05 15:55	session
SWN	Mot de passe du réseau AirPort	07/09/05 15:47	session
FOX	mot de passe Internet	26/08/05 15:50	session
tibo.local	mot de passe Internet	26/08/05 15:52	session
Adium.	mot de passe Internet	29/08/05 13:29	session

Le trousseau d'accès

Cliquez sur *Session* dans la liste des trousseaux. Vous verrez que ce trousseau est organisé en catégories : *Tous les éléments, Mots de passe, Certificats...* Pour visualiser le mot de passe de l'une des entrées du trousseau, double-cliquez sur son nom dans la liste. Dans la nouvelle fenêtre, cochez la case *Afficher le mot de passe.*

Figure 2-31

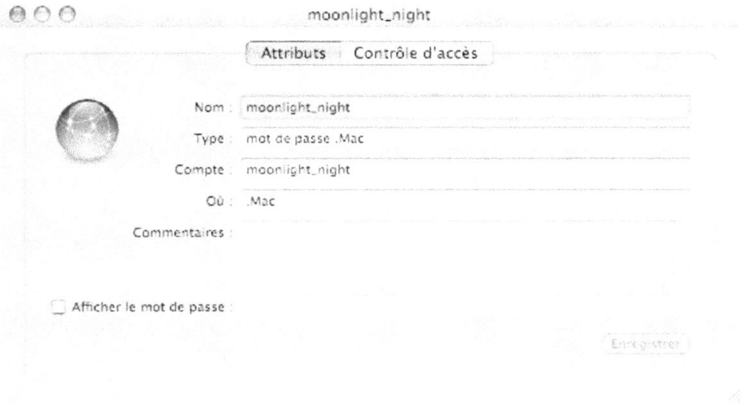

Détails d'un des éléments du trousseau

Une fenêtre vous demande le mot de passe de votre trousseau avant de vous permettre de voir le mot de passe. Par défaut, le mot de passe de votre trousseau est celui de votre compte utilisateur. Vous pouvez choisir de refuser de montrer ce mot de passe, d'autoriser une fois ou de toujours autoriser la visualisation du mot de passe. Autorisez une fois (pour plus de sécurité) et votre mot de passe apparaît dans le champ prévu à cet effet.

Figure 2-32

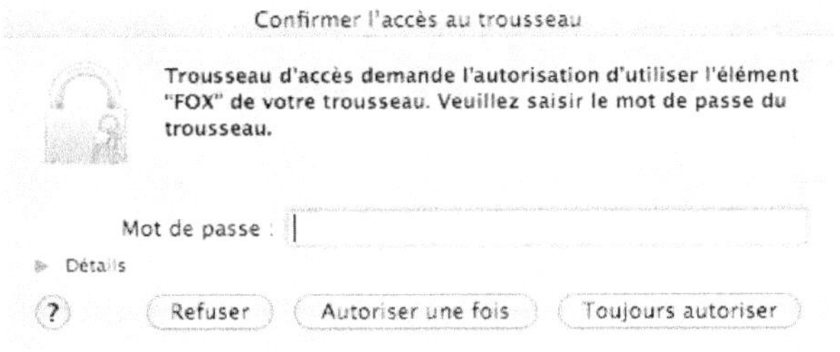

Visualiser le mot de passe

55 Comment ajouter des polices sur votre Mac ?

Vous avez principalement deux manières d'installer de nouvelles polices afin enrichir votre traitement de texte. La première – et la plus simple – consiste à télécharger la police désirée (en vérifiant qu'elle soit compatible Mac, mais c'est souvent précisé) sur votre ordinateur. Double-cliquez ensuite sur la police en question, et dans le nouvel écran qui s'affiche, cliquez sur le bouton *Installer la police*.

Figure 2-33

Installer une police

Vous pouvez également glisser-déposer directement les polices dans votre dossier */Bibliothèque/Fonts* mais elles ne seront alors disponibles que pour vous. Pour que tous les utilisateurs de la machine puissent profiter des nouvelles polices, glissez-les dans le dossier */Bibliothèque/Fonts* du système.

56 Comment augmenter l'autonomie sur les portables ?

Il n'existe malheureusement pas de recette miracle à vous proposer pour que les batteries de votre ordinateur portable durent éternellement, mais Mac OS X fournit néanmoins quelques astuces pour économiser votre batterie.

Dans la barre des menus (en haut à droite de votre écran) sur les ordinateurs portables, vous pouvez voir une icône de batterie qui doit ressembler à celle présentée sur la figure 2-34.

Figure 2-34

mer. 12:06   **Moonlight-Night**

Icône de batterie de la barre des menus

En cliquant sur cette icône, vous faites apparaître le menu de la figure 2-35.

Figure 2-35

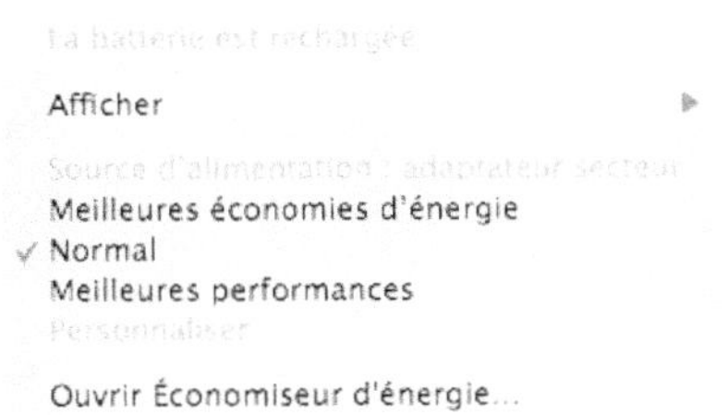

Menu d'économie d'énergie de la barre des menus

- La première ligne vous informe de l'état de votre batterie : dans notre cas, la batterie est chargée.

- *Afficher* : vous pouvez choisir d'afficher l'icône seulement, la durée ou encore le pourcentage de batterie restant.

- *Source d'alimentation* : cette ligne vous renseigne sur votre source d'alimentation, le secteur dans notre cas.

- Vous avez ensuite le choix entre trois types de configuration :

  - *Meilleures économies d'énergie* : activer ce type de configuration vous permettra d'augmenter l'autonomie de votre portable. En effet, en appliquant ce profil, votre ordinateur se mettra en veille plus rapidement, la luminosité de l'écran diminuera, la performance du processeur se réduira et quelques autres détails permettront à votre batterie de tenir plus longtemps.

  - *Normal* : il s'agit d'un profil correspondant à une utilisation normale de votre ordinateur. Dans ce cas, la performance du processeur se règle en

automatique et l'ordinateur se met en veille normalement (en général après 15 minutes d'inactivité).

- *Meilleures performances* : avec ce profil, votre batterie se videra plus rapidement, car il fait appel à des fonctionnalités du système gourmandes en énergie. Ainsi, la performance du processeur est en général maximale, écran et clavier gardent une luminosité élevée, etc.

- *Ouvrir Économiseur d'énergie* : vous avez, bien entendu, la possibilité de paramétrer ces différentes configurations à votre guise. Pour cela, cliquez sur cette dernière option, ou bien rendez-vous directement dans le panneau *Économiseur d'énergie* des *Préférences Système*.

Figure 2-36

Panneau Économie d'énergie

- Dans ce panneau, en choisissant d'*Afficher les détails*, vous naviguerez à travers les différentes configurations qui s'appliquent à la batterie ou à l'adaptateur secteur, selon ce que vous aurez choisi dans le menu déroulant *Réglages de*.

- Dans le second menu *Optimisation*, choisissez le type de profil que vous souhaitez activer. Par exemple, pour l'adaptateur secteur vous pouvez choisir un profil normal, alors que pour la batterie vous privilégierez un profil *Meilleure longévité de batterie*. Si vous souhaitez appliquer vos propres paramètres, choisissez un profil personnalisé.

Réflexes économiques

Préférez suspendre l'activité de l'ordinateur à utiliser un écran de veille.

Désactivez l'Airport si vous ne l'utilisez pas (voir question 239)

Réduisez la luminosité de l'écran à partir du panneau *Moniteurs* des *Préférences Système*.

57 Comment ajouter un appareil Bluetooth ?

Le Bluetooth est une technologie permettant de relier des périphériques de type souris, clavier, oreillette, téléphone, etc. Cela permet d'avoir les mêmes propriétés qu'une connectivité USB, avec l'avantage du sans-fil. Les dernières générations de Mac sont toutes équipées de la technologie Bluetooth par défaut, et il ne vous reste qu'à configurer votre ordinateur pour utiliser votre périphérique.

Pour cela, vous allez utiliser un assistant qui se chargera de la configuration à votre place. Pour accéder à l'assistant, rendez-vous dans les *Préférences Système*>panneau *Bluetooth*>onglet *Appareils*. Cliquez ensuite sur le bouton *Configurer un nouvel appareil* pour que l'assistant se lance.

Une fois que l'assistant a terminé la configuration, vous devriez pouvoir utiliser pleinement votre périphérique Bluetooth, qu'il s'agisse d'une souris ou d'un téléphone portable.

Vous pouvez à présent configurer les différents onglets du panneau *Bluetooth* pour répondre à vos besoins :

- désactiver le Bluetooth ;

- permettre aux appareils Bluetooth de détecter votre ordinateur ;

- ouvrir au démarrage l'assistant de réglages Bluetooth ;

- autoriser les appareils Bluetooth à réactiver l'ordinateur si celui-ci s'était mis en veille ;

- configurer le partage des fichiers par Bluetooth, etc.

Les petits tracas du Mac

chapitre 3

Malgré sa stabilité légendaire, il peut arriver que votre Mac doive faire face à différents problèmes logiciels. Voici un petit guide technique pour vous aider à le dépanner avant de passer à l'étape de l'appel à la Hotline Apple.

58 Comment quitter une application bloquée ?

Comme sous de nombreux systèmes d'exploitation, il arrive que des applications se bloquent et ne répondent plus. Il est alors nécessaire de pouvoir les quitter. Cependant, sachez que cet arrêt ne sera pas « propre » c'est-à-dire que cela peut causer des erreurs sur les fichiers ouverts par l'application, par exemple. Pour quitter une application bloquée, il existe deux méthodes :

- La première consiste à cliquer sur le *menu Pomme* et à sélectionner *Forcer à quitter...* ou à utiliser le raccourci clavier *Pomme + Ctrl + Échap*. Une fenêtre apparaît et présente une liste des applications ouvertes. Sélectionnez alors celle que vous souhaitez quitter et cliquez sur *Forcer à quitter*.

- La seconde consiste à cliquer longuement sur l'icône de l'application dans le Dock ou à cliquer tout en maintenant la touche *Ctrl* enfoncée, puis à sélectionner l'option *Forcer à quitter*.

Figure 3-1

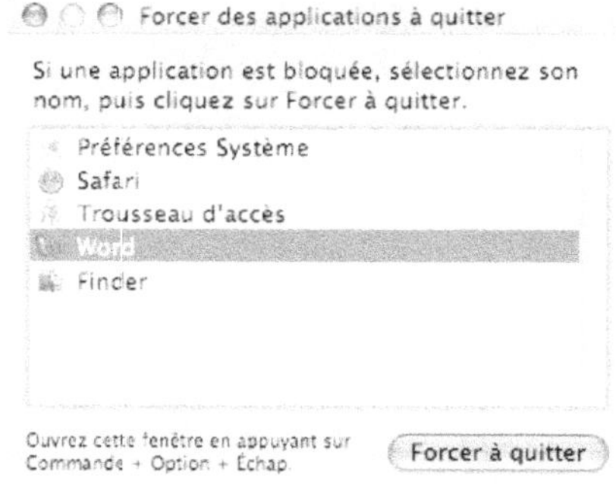

Forcer à quitter une application

59 Que faire quand mon système est bloqué ?

Si votre système est bloqué, essayez de redémarrer le Finder (pour la marche à suivre, reportez-vous à la question 60). Si cela ne fonctionne pas, redémarrez la machine. Si vous maîtrisez le terminal, utilisez les commandes Unix utiles dans ce cas (**ps aux** qui vous permet de lister les processus en cours, **kill** qui vous permet de forcer un processus à quitter, etc.).

```
USER PID %CPU %MEM VSZ    RSS  TT  STAT STARTED COMMAND
www  395  0.0 0.8 32752 4400  ?? S       4:53PM   /usr/sbin/httpd
root 403  0.0 0.3 27520  1712 p1 Ss      4:54PM    login -pf TibO
root 1    0.0 0.1 28336 448   ?? S<s     4:42PM   /sbin/launchd
root 23 0.0 0.1 27252 424   ?? Ss 4:42PM /sbin/dynamic_pager -F /private/var/vm/swapfile
root 27 0.0 0.4    28204   1916 ?? Ss     4:42PM   kextd
root 42 0.0 1.0 29788   5340 ?? Ss      4:42PM   /usr/sbin/configd
root 43 0.0 2.2 113840  11396 ??  Ss 4:42PM   /usr/sbin/coreaudiod
root 44 0.0 0.6 27768 2956 ?? Ss 4:42PM   usr/sbin/diskarbitrationd
root 45 0.0 0.3 28384   1700 ?? Ss  4:42PM /usr/sbin/memberd -x
root 46 0.0 0.9 29236   4476 ?? Ss  4:42PM   /usr/sbin/securityd
```

60 Comment relancer le Finder ?

Si votre Finder ne répond plus, il se peut que vous ayez à le relancer. Cependant, comme il s'agit de l'environnement principal, vous ne pouvez pas simplement le forcer à quitter comme une autre application, puis le relancer à la main. L'option disponible lorsque vous chercherez à forcer le Finder à quitter sera *Relancer*. Cliquez dessus et le Finder se relancera tout seul. La manipulation à suivre est la même qu'à la question 58.

61 Mon CD refuse de s'éjecter, comment faire ?

Avant d'aller plus loin, il convient de préciser que sur les machines de la gamme Apple, il n'y a pas forcément de bouton *Éject* sur les lecteurs. Il existe trois façons d'éjecter le CD ou le DVD :

- soit en appuyant sur la touche *Éject* du clavier si elle existe ;

- soit en glissant-déposant l'icône du CD du bureau vers la Corbeille qui se changera alors en icône d'éjection ;

- soit en cliquant sur le CD et en utilisant le raccourci clavier *Pomme + E*.

Il arrive parfois que cela ne fonctionne pas et qu'un message demande de quitter les applications et de réessayer. Il y a de fortes chances que cela soit dû à un processus qui tourne en arrière-plan et donc, que l'on ne voit pas.

Lancez l'application *Moniteur d'activité* qui se trouve dans le dossier *Utilitaires* (dans le dossier *Applications*, ou via le raccourci clavier *Pomme + Maj + U*) et regardez s'il y a un processus actif dont le nom serait en rapport avec ce CD. Si vous en trouvez un, sélectionnez-le et cliquez sur *Quitter l'opération*. Soyez toutefois très prudent : vous ne devez quitter que des processus dont vous connaissez l'utilité.

Ensuite, réessayez d'éjecter le CD. Si cela ne fonctionne toujours pas, redémarrez la machine et laissez le bouton de la souris appuyé. Cela devrait éjecter le CD. Dans le cas contraire, il y a peut-être un petit trou pour glisser un trombone déplié afin d'éjecter manuellement le tiroir. Procédez précautionneusement !

Mange-disque

Les portables Apple fonctionnent avec un système de mange-disque, et ne possèdent pas de petit trou pour éjecter leurs disques.

62 Comment récupérer ses données depuis un PC ?

Voici deux méthodes :

- soit vous gravez les fichiers sur CD-Rom au format ISO - 9660, compatible PC et Mac (reportez-vous à la question 144 pour la marche à suivre) ;

- soit vous utilisez les différentes méthodes de partage de fichiers (pour configurer un réseau, reportez-vous à la question 238 pour plus de détails)

63 Comment récupérer un mot de passe ?

Si vous avez oublié le mot de passe d'authentification sur un site, d'un logiciel de messagerie, un mot de passe de connexion réseau ou autre, vous pouvez utiliser votre Trousseau pour le récupérer si celui-ci l'a mémorisé. Pour cela, lancez le *Trousseau d'accès* qui se trouve dans */Applications/Utilitaires*.

Pour apprendre à afficher un mot de passe retenu par le Trousseau, rendez-vous question 54. Vous pourrez voir le mot de passe que vous désirez en cochant la case *Afficher le mot de passe.* Rappelez-vous que vous devrez entrer le mot de passe du Trousseau qui est par défaut celui de votre session. Cliquez ensuite sur *Toujours autoriser.* Vous verrez alors le mot de passe correspondant s'afficher.

Figure 3-2

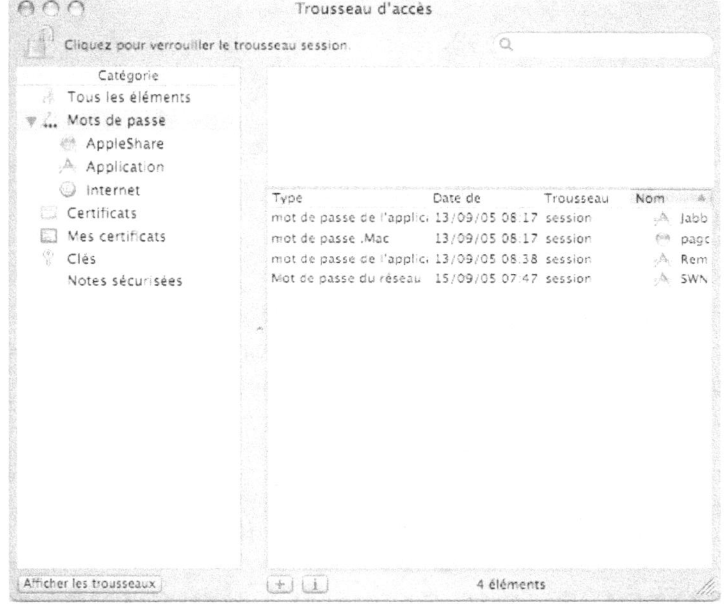

Les différentes catégories du Trousseau d'accès.

64 Comment remettre à zéro les mots de passe ?

Il peut arriver que vous ne vous souveniez plus du mot de passe de votre session. C'est encore plus grave s'il s'agit du mot de passe de l'utilisateur root, l'administrateur système (voir question 261).

Pour réinitialiser les mots de passe d'un compte, munissez vous du DVD ou du CD d'installation de Mac OS X Tiger.

1. Démarrez la machine à partir du CD-Rom en appuyant sur la touche *C* au démarrage. L'installation de Mac OS X Tiger se lance alors. Sélectionnez la

langue que vous souhaitez. Une fenêtre de bienvenue apparaît, avec en haut de l'écran un menu de type *Finder*.

2. Dans ce menu, sélectionnez *Utilitaires* puis *Réinitialisation de mot de passe...* Dans le nouveau menu, sélectionnez le disque sur lequel est installé Tiger, puis l'utilisateur dont vous souhaitez réinitialiser le mot de passe.

3. Entrez les informations demandées puis cliquez sur *Enregistrer*. Répétez cette manipulation pour tous les utilisateurs dont vous voulez changer le mot de passe.

Attention

Par défaut, le clavier est en mode américain (QWERTY) ! Vous pouvez changer cette configuration en cliquant sur le drapeau en haut à gauche de l'écran et en sélectionnant dans *Other Sources* le clavier *Français*.

4. Une fois que vous avez terminé, fermez la fenêtre en cliquant sur le bouton rouge, puis cliquez sur le menu *Programme d'installation* puis *Quitter le Programme d'installation*, et enfin choisissez *Redémarrer*.

65 Que faire quand j'ai perdu mon mot de passe après avoir activé Filevault ?

Mot de passe de session

Le mot de passe de session est le mot de passe qui vous est demandé quand vous allumez votre ordinateur pour vous connecter à votre compte. Si vous avez activé Filevault (voir le chapitre 13, Sécurité) pour votre compte et que vous avez oublié votre mot de passe de session, vous aurez besoin du mot de passe maître de Filevault pour déverrouiller votre compte.

Pour cela, essayez d'ouvrir votre session. Après trois échecs, cliquez sur *Mot de passe oublié*. Entrez le mot de passe principal et cliquez sur *Continuer*. Cliquez de nouveau sur *Ok,* puis saisissez votre nouveau mot de passe de session dans les deux champs, ainsi qu'un indice pour vous aider à retrouver votre nouveau mot de passe en cas de nouvel oubli. Pour terminer, cliquez sur *Ouvrir une session*.

Mot de passe maître

Le mot de passe maître est créé au moment où Filevault est activé, et est nécessaire pour toute manipulation sur FileVault. Si vous l'avez perdu, il est encore possible de le récupérer, mais uniquement si vous pouvez avoir tous les mots de passe des utilisateurs où Filevault est activé.

Pour cela et avant tout, vous devez supprimer le fichier *FileVaultMaster.keychain* qui se trouve dans le dossier */Bibliothèque/Keychains*. Ouvrez ensuite les *Préférences Système*, cliquez sur le panneau *Sécurité* puis sur *Définir le mot de passe principal*. Changez ensuite les mots de passe de sessions en ouvrant les sessions où Filevault est activé. Cette méthode n'est pas officielle, le résultat n'est pas forcément garanti. Le mieux reste tout de même de ne pas perdre le mot de passe maître.

Figure 3-3

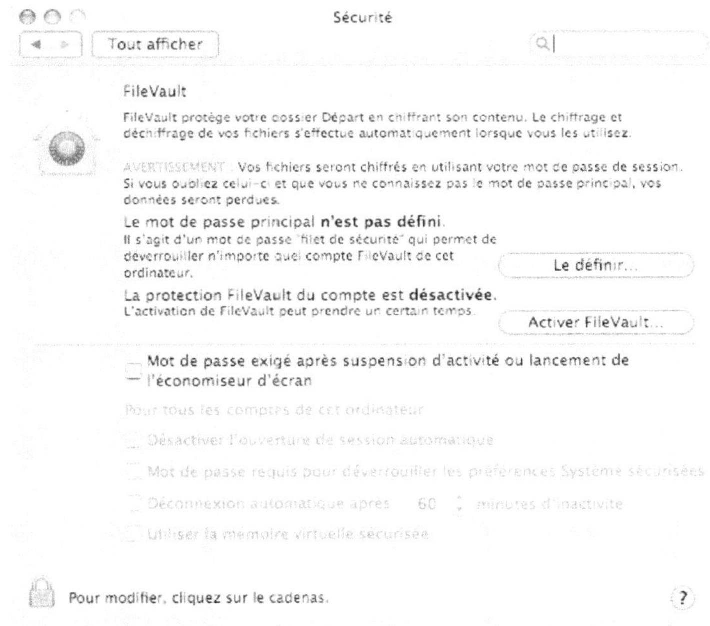

Fenêtre de configuration de FileVault

66 Comment obtenir le contenu d'un package ?

Mac OS X utilise une nouvelle manière de gérer les ressources des fichiers : les paquets, encore appelés packages. Lorsque vous lancez une application, il ne s'agit

pas d'un fichier exécutable basique, mais d'un dossier complet avec plusieurs ressources à l'intérieur. Les paquets les plus courants sous Mac OS X sont les applications telles que iTunes ou Safari. Lorsque vous double-cliquez dessus, Mac OS X interprète votre action comme ouverture du paquet. Vous pouvez choisir d'en manipuler le contenu, par exemple pour changer les icônes qui apparaissent à l'intérieur de votre application, disponibles dans le dossier *Contents/Resources* de votre paquet.

Pour voir le contenu d'un paquet, cliquez sur son icône en appuyant simultanément sur la touche *Ctrl* et en choisissant *Afficher le contenu du paquet* dans le menu qui s'affiche. Vous verrez alors le contenu du paquet comme une arborescence du Finder.

Figure 3-4

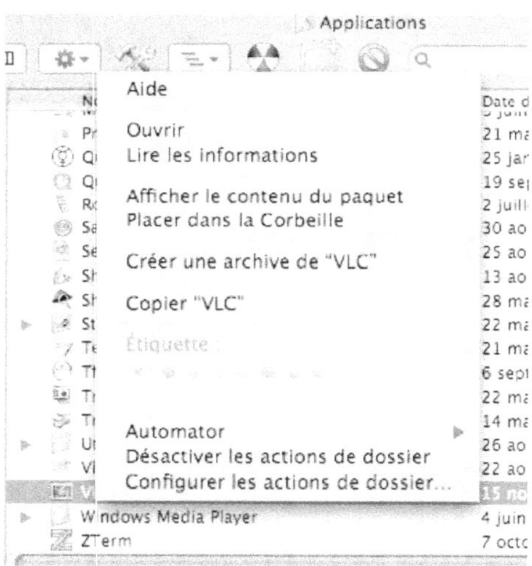

Menu contextuel

67 Comment réparer une application qui ne démarre plus ?

Lorsqu'une application ne fonctionne plus, cela peut venir de ses paramètres. La première chose à faire est de supprimer vos fichiers de préférences de l'application. Pour la marche à suivre, reportez-vous à la question 18. Relancez ensuite l'application. Si cela ne fonctionne toujours pas, supprimez l'application (reportez-vous à la question 9) puis réinstallez-la (voir question 8).

68 Comment réparer l'outil de recherche Spotlight ?

Bien que Spotlight soit un outil de recherche puissant et qu'il se mette à jour en temps réel, vous serez peut-être amené à reconstruire son index. Il peut en effet arriver que sa base de recherche soit corrompue, par exemple si votre ordinateur plante au milieu d'une recherche.

Pour cela, dans un Terminal, tapez la commande suivante :

```
Sudo mdutil -E /
```

Le système vous demandera le mot de passe de votre compte. Notez qu'il faut avoir un compte administrateur pour effectuer cette manipulation. Une fois que vous l'aurez entré et validé, l'index actuel sera effacé et Spotlight en recréera un automatiquement. Soyez patient car cela peut prendre un long moment...

69 En cas de ralentissements, comment observer l'activité de son réseau ?

Lors de l'envoi ou de la réception d'un volume important d'informations sur le réseau, les ressources de la machine sont abondamment utilisées, ce qui peut provoquer un gros ralentissement.

L'application *Moniteur d'activité* permet de vérifier si la lenteur de votre Mac est bien provoquée par ce phénomène. Pour cela, rendez-vous dans le dossier *Utilitaires* qui se trouve dans le dossier *Applications* via le *Finder* ou en utilisant le raccourci clavier *Pomme + Maj + U*.

Double-cliquez sur *Moniteur d'activité* pour le lancer. Cet utilitaire permet de contrôler les applications et le système, d'observer la charge processeur, la quantité de mémoire libre et utilisée, l'utilisation et l'activité des disques et la charge réseau. Pour consulter l'activité du réseau, cliquez sur le bouton *Réseau* en bas de la fenêtre. Vous verrez alors un graphique vous indiquant les débits entrant en vert et sortant en rouge. Si les courbes sont au maximum, c'est que l'activité de votre machine sur le réseau est importante, ce qui peut expliquer le ralentissement.

Figure 3-5

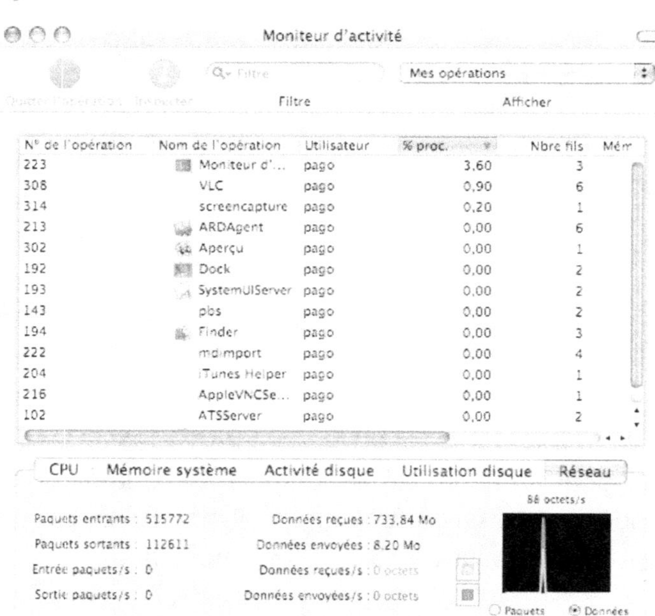

Le Moniteur d'activité

70 Comment récupérer mes fichiers alors que le système ne démarre plus ?

Si votre ordinateur ne démarre plus, il existe quand même une solution pour récupérer vos données : le mode *Target*. Cela consiste à se servir de votre disque dur comme d'un disque dur amovible d'un autre Mac. Celui-ci sera monté sur le bureau, comme un disque dur externe.

Pour cela, il faudra, lorsque vous démarrerez votre machine, appuyer sur la touche *T* du clavier pour entrer dans le mode *Target*. Une fois le mode activé, vous verrez un symbole ressemblant à un Y apparaître sur votre écran : c'est le logo FireWire.

Reliez à présent les deux Mac ensemble à l'aide d'un câble FireWire et démarrez le second Mac. Une fois le *Finder* lancé, vous verrez une icône apparaître sur le bureau représentant votre disque dur. Vous pouvez maintenant naviguer sur votre disque et récupérer vos fichiers.

Fichiers

chapitre 4

Vous commencez à travailler avec les applications de votre Mac de façon intuitive, et vous désirez maintenant manipuler les fichiers avec autant d'aisance ! Avec facilité et grâce aux quelques conseils de ce chapitre, vous pourrez les rechercher en quelques clics, créer des fichiers vides, les déplacer, les renommer...

71 Comment rechercher un fichier, un dossier ou une application ?

Sous Mac OS X Tiger, il existe trois méthodes pour retrouver rapidement un fichier, un dossier ou une application :

- En faisant le raccourci clavier *Pomme + F* ou bien en allant dans le menu *Fichier>Rechercher*, vous obtiendrez la fenêtre présentée à la figure 4-1. Tapez le nom de l'élément à rechercher dans le champ de texte dans le coin en haut à droite.

Figure 4-1

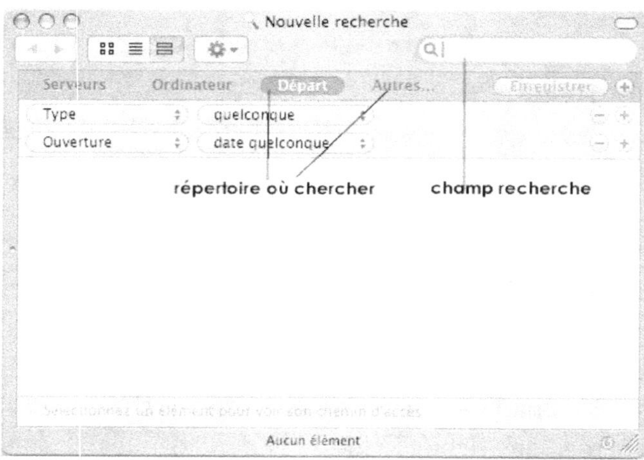

Fenêtre de recherche

- Utilisez Spotlight (voir question 106) en cliquant sur la petite loupe bleue dans le coin en haut à droite de l'écran.

Figure 4-2

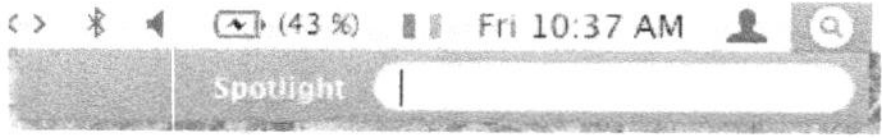

Onglet recherche Spotlight

- Si vous savez dans quel répertoire effectuer la recherche ou si vous recherchez un fichier dont vous connaissez l'application de provenance, utilisez la fonction Spotlight intégrée aux fenêtres du *Finder*. Ouvrez le dossier ou l'application en question ; dans cette fenêtre, un champ de recherche Spotlight se trouve dans le coin supérieur droit, où vous n'avez qu'à taper les termes de votre recherche. Cette méthode permet de limiter le champ de recherche au répertoire ou à l'application sélectionnée. Il est possible de sélectionner un autre répertoire, en cliquant sur *Autres*, puis sur le *+* dans la barre d'outils apparue après le début de la recherche.

Figure 4-3

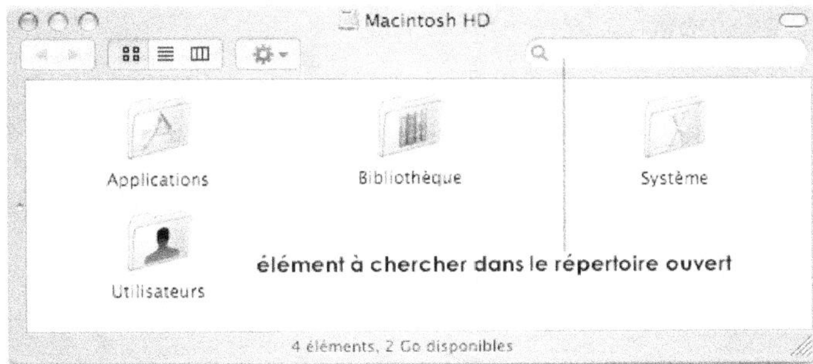

Onglet de recherche dans les fenêtres

Chercher un type de fichier en particulier

Pour rechercher un type de fichier en particulier, il vous suffit de taper type:xxx où xxx correspond au type de fichier que vous souhaitez rechercher, comme DOC, PDF, etc.

72 Comment déplacer un fichier ?

Cliquez sur le fichier que vous voulez déplacer, et en maintenant le clic enfoncé, déplacez la souris jusqu'à l'endroit voulu. Si vous déplacez votre fichier sur l'icône d'un dossier et que vous le lâchez dessus, ce fichier se retrouvera à l'intérieur du dossier. Si vous laissez plus d'une seconde le fichier au-dessus d'un dossier, l'icône clignotera et le dossier s'ouvrira. Vous pouvez ainsi naviguer dans les sous-dossiers pour déplacer (et déposer) le f chier.

73 Comment renommer un fichier ?

Imaginons que vous ayez tapé votre rapport de stage, et qu'en le sauvegardant vous l'ayez nommé « raprot de sgate ». Plutôt que de le sauvegarder à nouveau avec le bon nom, et de supprimer le fichier mal nommé, il vous suffit de le renommer.

Pour cela, cliquez sur le fichier, et une fois sélectionné :

- Cliquez sur son nom, qu'il deviendra alors possible de changer.

- Appuyez sur *Entrée*, et vous pourrez le renommer.

- Effectuez un clic avancé (en maintenant la touche *Ctrl* enfoncée lorsque vous cliquez) et sélectionnez l'option *Renommer*.

74 Comment créer un raccourci (alias) ?

Sélectionnez le dossier ou fichier en cliquant dessus, puis effectuez le raccourci clavier *Pomme + L* ou bien allez dans le menu *Fichier>Créer un alias*. L'alias apparaît près du fichier d'origine avec une petite flèche courbée sur l'icône de celui-ci pour vous rappeler qu'il s'agit d'un raccourci. Placez ensuite le raccourci à l'endroit désiré en le déplaçant comme un fichier classique.

75 Comment créer un fichier vide sans ouvrir une application ?

Lorsque vous préparez un projet, vous serez peut-être amené à créer une dizaine de fichiers documents Word, et une vingtaine de fichiers Photoshop. Ouvrir le programme à ce moment, puis faire chaque sauvegarde séparément peut être long et fastidieux pour créer tous ces fichiers, et provoquer une perte de temps considérable. Vous pouvez alors créer des fichiers sans lancer le programme concerné, et voici la marche à suivre.

Ouvrez l'utilitaire *Terminal* situé dans le dossier */Applications/Utilitaires/* et placez-vous dans le répertoire de votre choix. Dans l'exemple de la figure 4-4, nous nous plaçons sur le Bureau par la commande :

```
cd Desktop
```

Puis entrez la commande qui permet de créer un fichier sans ouvrir l'application associée au type de fichier. Cette commande est **touch** suivie du nom que vous voulez donner à votre fichier avec l'extension précisant l'application qui permet de l'ouvrir. L'exemple ici est :

```
touch text.doc
```

Allez sur le Bureau et vous verrez un fichier portant l'icône Microsoft Word et ayant le nom **text.doc**. Pour modifier l'application à ouvrir par défaut avec un type de fichier, rendez-vous à la question 11.

Figure 4-4

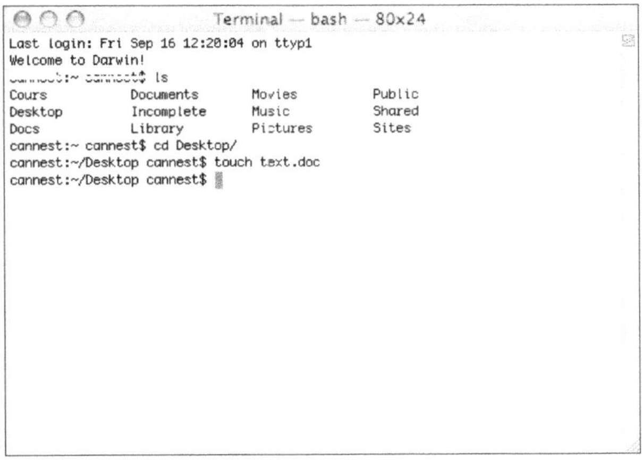

```
000                Terminal — bash — 80x24
Last login: Fri Sep 16 12:20:04 on ttyp1
Welcome to Darwin!
cannest:~ cannest$ ls
Cours          Documents       Movies          Public
Desktop        Incomplete      Music           Shared
Docs           Library         Pictures        Sites
cannest:~ cannest$ cd Desktop/
cannest:~/Desktop cannest$ touch text.doc
cannest:~/Desktop cannest$ ▌
```

Commande Touch dans le Terminal

Vous pouvez également utiliser une application payante (*shareware*) appelée *Document Palette*, qui vous permet de créer des fichiers par interface graphique. Pour cela, téléchargez une version d'essai sur **http://www.macupdate.com**, installez-la et ouvrez-la pour la configurer. La première fenêtre vous propose de glisser-déposer un document type (exemple : un fichier avec extension **.doc** ou **.ppt**).

Figure 4-5

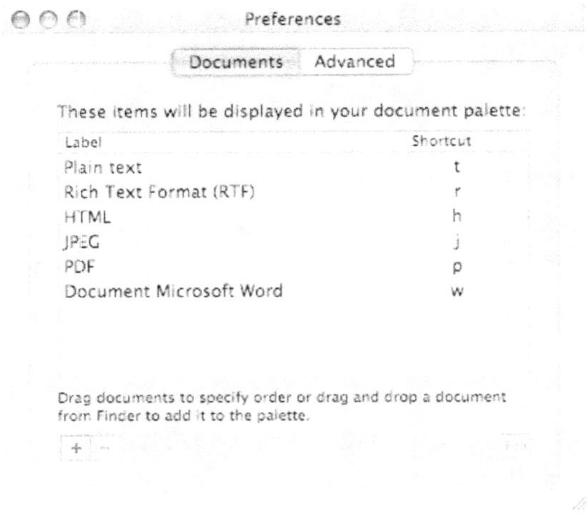

Fenêtre Document Palette

Fermez l'application et retournez sur le *Finder*. Effectuez ensuite le raccourci clavier *Pomme + Option + Ctrl + N*, qui vous affiche une liste de documents types où vous devez choisir par un simple clic le format voulu. Vous verrez alors apparaître un fichier avec le format type, et cela sans ouvrir l'application associée.

Figure 4-6

Choix du format

76 Comment obtenir les informations des fichiers ou dossiers ?

Sélectionnez le fichier et appliquez le raccourci *Pomme + I* ou bien allez dans le menu *Ficher>Lire les informations*. Vous aurez alors accès à la date de création du fichier, son auteur, les permissions, la couleur de l'étiquette, le poids, etc.

77 Comment connaître la taille de plusieurs fichiers ?

Sélectionnez vos fichiers et dossiers puis utilisez le raccourci clavier *Ctrl + Pomme + I.*

Vous pouvez également vous rendre dans le menu *Fichier>Lire les informations condensées* en maintenant la touche *Ctrl* appuyée. Une fenêtre *Informations* s'ouvre, vous indiquant la somme des tailles de tous les éléments sélectionnés.

Figure 4-7

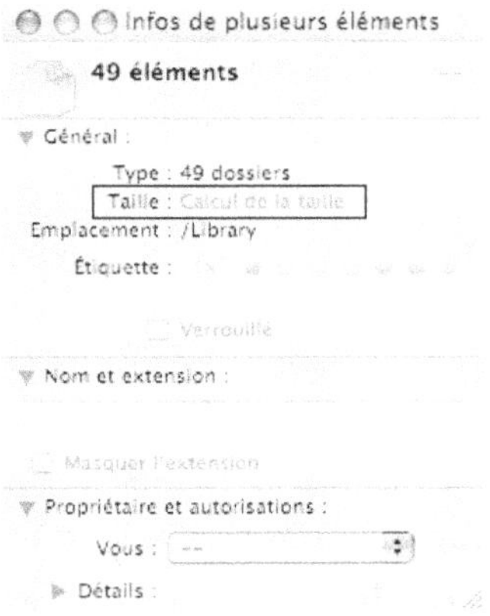

Taille de plusieurs fichiers

78 Comment cacher des éléments de mon disque dur ?

Ouvrez l'utilitaire Terminal situé dans le dossier */Applications/Utilitaires/* et placez-vous dans le répertoire que vous désirez. Pour cacher un élément, vous devez mettre un point devant son nom à l'aide de la commande Unix **mv**, le *Finder* interdisant cette action.

Par exemple, vous voulez rendre invisible le fichier **text.doc** : dans le Terminal, tapez :

```
mv text.doc .text.doc
```

Remarquez le point devant le deuxième `text.doc`. Cette opération a pour but de renommer simplement le fichier.

Pour visualiser les fichiers cachés possédant un point devant leur nom, tapez la commande `ls -a` dans un Terminal. Pour faire réapparaître le fichier dans le Finder, tapez `mv .text.doc text.doc`. Vous aurez compris que cette fois-ci, nous venons de renommer le fichier `.text.doc` en `text.doc`.

79 Qu'est-ce qu'un dossier intelligent ?

Ce type de dossier propre à Mac OS X Tiger ne contient pas véritablement de fichiers, mais des résultats de recherches Spotlight paramétrables selon vos envies. Ainsi, si vous désirez regrouper en un seul dossier les fichiers PDF créés au cours des 15 derniers jours, vous n'avez plus besoin de chercher dans les moindres recoins de votre disque dur !

Vous pouvez rechercher des fichiers, mais le domaine de recherche de Spotlight ne s'y limite pas. Il va également chercher dans le contenu de vos e-mails, dans les logs de vos discussions iChat, dans le contenu des fichiers PDF, etc. Les applications d'un tel dossier sont innombrables : classer vos données contenant un mot en particulier, et tous les fichiers, mails, logs, et autres qui contiennent le mot concerné apparaîtront dans cette liste. Les alias vers les fichiers correspondant à la recherche y seront ajoutés automatiquement, sans la moindre intervention de votre part après la création du dossier.

De plus, lorsqu'un nouveau fichier sera créé correspondant aux critères de recherche, il sera lui aussi automatiquement ajouté à ce dernier, sans que vous ayez à l'actualiser.

Pour comprendre l'utilisation de Spotlight, reportez-vous au chapitre Fonctionnalités, question 106 et suivantes.

80 Comment créer un nouveau dossier intelligent ?

Pour créer un nouveau dossier intelligent, il vous suffit dans le Finder de cliquer sur *Fichier>Nouveau dossier intelligent*.

Vous pouvez spécifier alors vos critères de recherches dont les résultats seront gardés en mémoire dans le dossier, comme si vous effectuiez une recherche Spotlight classique. Pour plus d'information, reportez vous au chapitre 6, Fonctionnalités.

81 Comment supprimer un fichier ?

Si vous souhaitez supprimer un fichier dont vous n'avez plus l'utilité et qui prend une place importante sur votre disque, ou tout simplement pour faire un peu de rangement, il existe un moyen très simple.

Faites un glisser-déposer de l'élément à supprimer sur l'icône de la *Corbeille* située dans la partie droite du Dock, ou encore sélectionnez l'élément en cliquant dessus puis exécutez le raccourci clavier *Pomme + Touche d'effacement*.

Vous pouvez également supprimer le fichier en utilisant le clic avancé (*Ctrl + Clic*) et en sélectionnant l'option *Placer ce fichier à la corbeille*.

> Corbeille
>
> **Lorsque vous choisissez de supprimer un fichier, et que vous le placez à la corbeille, il n'est pas tout de suite supprimé du disque dur. Pour qu'il le soit, il faut vider la corbeille.**

82 Comment vider la corbeille ?

Une fois que vous avez placé des éléments à la corbeille, il ne reste plus qu'à la vider grâce au raccourci *Pomme + Maj + Touche d'effacement* ou bien en passant par le menu *Finder>Vider la corbeille*.

83 Comment effacer définitivement des fichiers d'un disque ?

Si vous souhaitez supprimer définitivement des fichiers de votre disque, afin qu'il ne soient plus jamais disponibles sur l'ordinateur, c'est possible.

Lorsque vous videz la corbeille de façon classique, les fichiers disparaissent du *Finder*, mais sont encore présents physiquement sur le disque dur, et peuvent donc être récupérés avec des logiciels adaptés. Si vous choisissez dans le menu *Fichier* du Finder l'option *Vider la corbeille en mode sécurisé*, le système réécrira sur l'emplacement original des fichiers, et empêchera tout logiciel de récupération de données de les récupérer.

84 Comment connaître les permissions que l'on possède sur un dossier ?

Un fichier peut-être protégé, et son accès en lecture, écriture et exécution peut être restreint à certains utilisateurs. Ainsi, si vous n'arrivez pas à créer un fichier dans un dossier spécifique, peut-être est-ce simplement parce que vous ne possédez pas les droits en écriture dans ce dossier !

Pour en être sûr, sélectionnez le fichier et appliquez le raccourci *Pomme + I* ou bien rendez-vous dans le menu *Ficher>Lire les informations*. Développez l'onglet *Propriétaire et autorisations* pour visualiser les droits sur le dossier ou fichier, comme dans l'exemple de la figure 4-8.

Figure 4-8

Les permissions

85 Comment définir les permissions d'un dossier ou d'un fichier ?

Dans l'onglet *Propriétaire et autorisations* (voir question 84), utilisez les menus déroulants pour préciser les droits d'accès à *Vous*, *Groupe* et *Autres*. Le menu *Propriétaire* permet de changer le propriétaire du fichier ou dossier : pour cela, vous devez d'abord déverrouiller l'accès à cette fonction en cliquant sur le cadenas et en entrant un mot de passe administrateur.

86 Comment se rendre directement vers un dossier précis ?

Vous avez sans doute remarqué que nous vous parlons depuis le début de ce livre du dossier */Applications*, du dossier */Applications/Utilitaires*, etc. Ces noms qui utilisent la norme Unix sont des chemins dits « absolus » vers vos dossiers. Ainsi, si vous souhaitez vous rendre directement à un dossier précis comme */Users/bob/Documents/Projet/SoutenanceA.doc*, vous pouvez choisir de naviguer dans le Finder, en vous déplaçant à l'intérieur de l'arborescence de votre disque.

Toutefois, si vous connaissez le chemin exact du dossier où vous souhaitez vous rendre, vous utiliserez plutôt l'option *Aller au dossier* du menu *Aller* du Finder : entrez le nom exact du dossier (voir figure 4-9), et une nouvelle fenêtre du Finder s'ouvrira avec le contenu du dossier souhaité.

Figure 4-9

Aller au dossier :

/Users/bob/Documents/Projet/SoutenanceA

Annuler   Aller

Aller au dossier

Attention !

Il est très important de respecter la casse (majuscules et minuscules) dans le chemin du fichier, Mac OS X y étant sensible.

Le Finder

chapitre 5

Le Finder est l'élément principal de l'environnement utilisateur. C'est grâce à lui que vous utiliserez votre ordinateur principalement. Il possède une interface et une configuration de base qu'il vous est possible de personnaliser, afin que votre ordinateur soit adapté à vos réflexes d'utilisation.

87 Comment changer le thème du Finder ?

Vous pouvez changer le thème bleu du Finder pour le thème graphite (nuances de gris). Pour cela, ouvrez les *Préférences Système* (l'icône avec l'interrupteur dans le Dock et la pomme dans le Finder) et dans la fenêtre, sélectionnez le panneau *Apparence*. Il ne vous reste plus qu'à choisir le thème que vous souhaitez avec l'option *Apparence*.

Figure 5-1

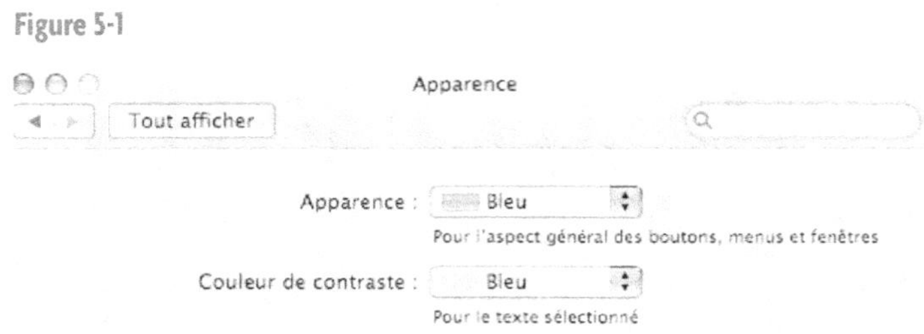

Paramètres de configuration du thème du Finder

88 Comment changer le mode d'affichage du Finder ?

Il est possible de changer la manière d'afficher la barre d'outils du Finder pour n'avoir que du texte, que des icônes ou encore les deux. Pour changer le mode d'affichage, cliquez sur le bouton en haut à droite de la fenêtre du Finder tout en maintenant appuyée la touche *Pomme*. Répétez l'opération autant de fois que nécessaire pour obtenir l'affichage que vous souhaitez.

Figure 5-2

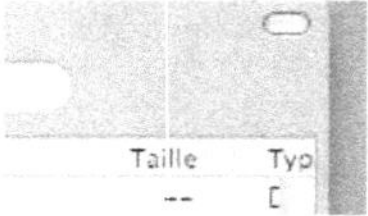

Bouton de personnalisation du Finder

89 Comment modifier la barre d'outils du Finder ?

L'environnement de Mac OS X Tiger est complètement personnalisable. Le Finder n'échappe pas à cette règle. Il est possible de modifier sa barre avec des éléments prédéfinis, par simple glisser-déposer.

Pour cela, ouvrez une fenêtre du Finder, puis sélectionnez dans la barre supérieure le menu *Présentation* et cliquez sur *Personnaliser la barre d'outils...*. Une nouvelle fenêtre s'ouvre et propose des éléments à ajouter à la barre du Finder. Utilisez alors les glisser-déposer pour ajouter ou supprimer des fonctions à cette barre.

Figure 5-3

Bouton disponible pour la personnalisation de la barre du Finder

90 Comment ajouter des raccourcis dans le Finder ?

La fenêtre du Finder se décompose en deux parties :

- une fenêtre de navigation à droite ;

la barre latérale à gauche qui sert à stocker des raccourcis vers des fichiers, dossiers ou périphériques réseau.

Pour ajouter un raccourci dans la barre latérale, opérez un glisser-déposer de l'élément dont vous souhaitez créer un raccourci dans la barre de gauche.

Figure 5-4

Ajouter un raccourci à la barre latérale

91 Comment accéder rapidement à son dossier de départ ?

Il existe trois méthodes pour accéder rapidement à son dossier de départ, votre dossier utilisateur qui contient tous vos documents personnels, votre musique, vos films, etc. :

- soit à partir du Dock en cliquant sur l'icône du Finder ;
- soit en utilisant le raccourci clavier *Pomme + N* ;
- soit, si vous vous trouvez déjà dans une fenêtre du Finder, en cliquant sur l'icône représentant une maison dans la barre latérale.

92 Comment changer la taille des icônes ?

Il est possible de changer la taille d'affichage des icônes de vos fichiers et de vos dossiers. Pour cela, sélectionnez *Présentation* dans la barre de menus du Finder, puis *Options de présentation*, ou utilisez le raccourci clavier *Pomme + J*. Dans la nouvelle fenêtre, choisissez la taille des icônes en céplaçant le curseur de la gauche (plus petit) vers la droite (plus grand). Vous pouvez aussi à partir de cette fenêtre changer la taille du texte, ainsi que sa position et bien d'autres options pour personnaliser votre affichage.

Figure 5-5

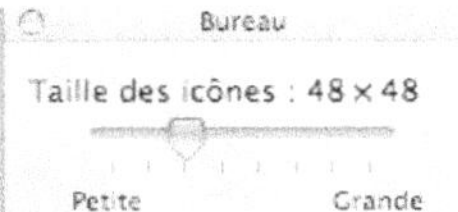

Panneau de configuration de la taille des icônes

> **Note**
>
> Vous pouvez choisir si les paramètres sont appliqués uniquement à la fenêtre en cours, ou à toute nouvelle fenêtre du Finder, en cochant le bouton adapté en haut de la fenêtre.

93 Comment changer l'icône d'un dossier ?

Il est possible de personnaliser les icônes des fichiers ou des dossiers. Pour utiliser une image particulière comme icône, ouvrez-la avec *Aperçu* (par exemple), puis copiez-la via le menu *Édition>Copier*. Sélectionnez maintenant le fichier ou le dossier à personnaliser et affichez ses informations (question 76). Sélectionnez alors l'icône en haut de la fenêtre *Info*, puis collez votre image grâce au menu *Édition>Coller*. L'icône devrait changer d'apparence et prendre celle de l'image que vous avez copiée au départ.

94 Comment remettre l'icône par défaut d'un dossier ?

Pour remettre l'icône par défaut d'un dossier, sélectionnez ce dernier puis affichez ses informations (voir question 76). Sélectionnez alors l'icône en haut de la fenêtre, puis appuyez sur la touche d'effacement. Votre dossier possédera de nouveau l'icône par défaut.

95 Comment modifier la présentation des dossiers ?

Il existe trois types de présentation des dossiers :

- le mode icône ;
- le mode liste ;
- le mode colonne.

Pour changer de mode d'affichage, cliquez sur l'un des trois boutons en haut de la fenêtre du Finder, comme le montre la figure 5-6 ou, dans le menu du Finder, cliquez sur *Présentation* puis sélectionnez le type d'affichage que vous souhaitez.

Figure 5-6

Menu de modification de la présentation des dossiers

96 Comment appliquer des étiquettes de couleur à ses fichiers et dossiers ?

Mac OS X Tiger propose de mettre en couleur le nom des fichiers et des dossiers pour vous permettre de vous retrouver plus rapidement entre vos différents dossiers.

Pour cela, cliquez sur le fichier ou le dossier que vous souhaitez colorer, puis ouvrez ses informations (question 76). Dans l'onglet *Général*, choisissez la couleur d'étiquette que vous désirez. Vous pouvez également faire un clic avancé sur l'élément sélectionné. Le menu contextuel vous permet d'appliquer directement l'étiquette de couleur. Pour supprimer la mise en couleur, procédez de la même façon mais choisissez cette fois l'étiquette marquée d'une croix.

97 Comment afficher les extensions des fichiers ?

Il peut être intéressant d'afficher les extensions des fichiers, pour en connaître le type, surtout lorsqu'ils ne sont pas associés à une application installée. Pour cela, cliquez sur le menu *Finder* du Finder, puis sélectionnez *Préférences...* Vous pouvez également utiliser le raccourci clavier *Pomme +* , (virgule). Une fenêtre s'ouvrira avec différents onglets. Cliquez sur *Avancées* puis cochez la case *Afficher toutes les extensions de fichiers*. Dorénavant, toutes les extensions des fichiers seront affichées par défaut. Pour afficher ou masquer l'extension d'un seul fichier, sélectionnez-la et affichez ses informations (*Pomme + I*). Dans la rubrique *Nom et Extension*, cochez ou décochez *Masquer l'extension* selon votre choix.

98 Comment utiliser l'ouverture automatique pour déplacer un fichier dans d'autres dossiers ?

Grâce à l'ouverture automatique des dossiers, vous pouvez déplacer des fichiers ou des dossiers sans avoir à ouvrir le dossier de destination au préalable. Pour cela, cliquez sur le dossier ou le fichier à déplacer et, tout en maintenant le clic enfoncé, positionnez-vous sur le dossier à ouvrir et restez-y un instant. Le dossier s'ouvrira tout seul. Répétez la manipulation sans jamais relâcher le clic jusqu'à ce que vous soyez arrivé dans le dossier de destination. Relâchez alors le clic pour déplacer le fichier.

Si vous appuyez sur la touche *Espace* en étant positionné sur le dossier à ouvrir, l'ouverture automatique sera alors instantanée.

99 Comment ajouter des actions automatiques lors de l'ouverture d'un dossier ?

Il est possible de provoquer des actions qui s'exécuteront automatiquement lors de l'ouverture d'un dossier. Pour cela, il suffit de créer un script avec Automator (reportez-vous à la question 130). Lors de l'enregistrement du script, sélectionnez *Enregistrer comme module...* Donnez un nom à votre module, puis sélectionnez l'option *Action de dossier* et choisissez ensuite le dossier auquel vous voulez appliquer les actions du script. Celui-ci sera automatiquement attribué au dossier et, dès sa prochaine ouverture, l'action sera exécutée.

Vous pouvez modifier les actions affectées à un dossier en effectuant un clic avancé sur celui-ci et en choisissant l'une des options que vous montre la figure 5-7.

Figure 5-7

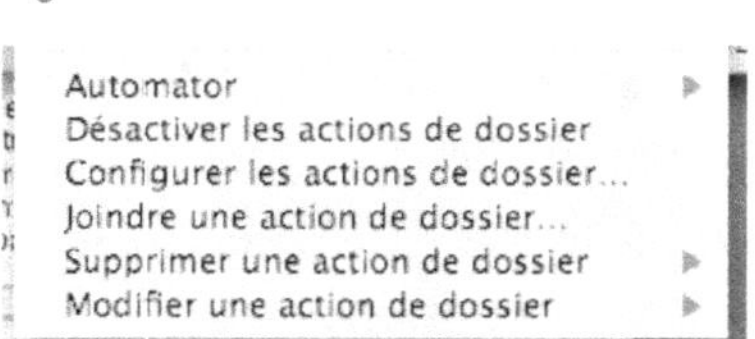

Menu contextuel de configuration des actions automatiques

100 Comment afficher le voisinage réseau ou des lecteurs supplémentaires dans le Finder ?

Pour afficher le voisinage réseau dans le Finder, cliquez sur l'icône *Réseau* dans la barre latérale de gauche. Vous verrez alors les groupes de travail disponibles sur le réseau. En ouvrant le dossier correspondant, vous aurez accès aux machines disposant de ressources partagées. En double-cliquant dessus, vous pourrez vous authentifier sur les machines pour accéder aux partages qui seront ensuite montés sur le bureau.

Si l'icône réseau n'apparaît pas dans la barre latérale

Rendez-vous dans les *Préférences* du *Finder*, et dans le panneau *Barre latérale*, vérifiez que l'icône *Réseau* est bien cochée.

101 Comment faire un copier-coller avec un Mac ?

L'un des actes les plus courants au quotidien en informatique en général est certainement le copier-coller. Que ce soit une portion de texte, un dossier, un fichier ou même une image, tout est sujet au copier-coller. Pour le réaliser, il est possible de passer deux fois par le menu *Édition*, pour copier d'abord et pour coller ensuite. Cependant, la façon la plus simple, la plus rapide et la plus courante est d'utiliser les raccourcis clavier. Sur Mac, ces raccourcis ressemblent à ceux utilisés sur PC. Il s'agit en fait de *Pomme + C* pour copier et de *Pomme + V* pour coller.

102 Comment faire un couper-coller avec un Mac ?

Le couper-coller est aussi utilisé que le copier-coller, bien que sur Mac il ne soit pas possible de couper des fichiers ou des dossiers. Les raccourcis sont aussi simples que pour le copier-coller, à savoir *Pomme + X* pour couper et *Pomme + V* pour coller.

Fonctionnalités

chapitre 6

Mac OS X recèle des trésors de petites fonctionnalités qui n'ont l'air de rien mais qui font toute la différence. Certaines sont très intuitives, d'autres réservées aux « Mac users » confirmés. Voici un petit panorama de celles qui, en tout cas, deviendront rapidement vitales.

103 Comment faire un clic droit ?

Le clic droit est très pratique. Les utilisateurs PC en sont très friands et se demandent inévitablement comment faire sur Mac. En effet, avant la sortie de la Mighty Mouse, les souris Apple ne comportaient qu'un seul bouton. Cela dit, il est tout à fait possible de faire un clic droit sur Mac, également appelé clic avancé. La manière la plus simple est de posséder une souris à deux boutons et de la brancher à l'ordinateur. Elle sera reconnue sans pilote et vous aurez accès au clic droit en quelques secondes. Dans tous les autres cas, utilisez le raccourci *Ctrl + Clic*, qui produira le même effet.

Fonctionnalités des souris

Si votre souris dispose de plus de fonctionnalités, il est conseillé d'installer le pilote du constructeur pour en bénéficier.

104 Comment faire une capture de votre écran ou d'une fenêtre ?

Si vous souhaitez prendre une photo de votre écran afin de sauvegarder ce qui y est affiché, vous disposez pour cela de plusieurs moyens :

- Pour capturer tout votre écran, il vous suffit d'utiliser le raccourci clavier *Pomme + Maj + "* (guillemets). Un fichier nommé *Image 1* apparaîtra alors sur votre bureau, contenant la capture de votre écran.

- Pour prendre une photo d'une zone en particulier, vous pouvez utiliser le raccourci clavier *Pomme + Maj + '* (apostrophe). Vous aurez alors un viseur à l'écran, et vous pourrez, en maintenant votre clic appuyé, sélectionner la zone à prendre en capture. La capture apparaîtra comme précédemment sur le bureau. Si une capture nommée Image 1 est déjà présente sur votre bureau, elle ne sera pas remplacée, mais un fichier Image 2 y sera créé (et ainsi de suite).

- Pour obtenir une capture d'une fenêtre en particulier, appuyez sur la même combinaison de touches *Pomme + Maj + '* (apostrophe). Appuyez ensuite sur la touche *Espace* : le viseur se transforme alors en appareil photo, et vous pouvez voir en grisé la fenêtre qu'il enregistrera. Déplacez votre souris et cliquez une fois la fenêtre choisie, elle apparaîtra alors sur le bureau en tant qu'image.

105 Comment afficher le contenu du Presse-papiers ?

Si vous devez faire de nombreux copier-coller dans un laps de temps assez court, il se peut qu'à un moment vous ne sachiez plus exactement quelle est la dernière chose copiée. Pour éviter de copier malencontreusement une mauvaise information au mauvais endroit, il vous suffit d'afficher le contenu du Presse-papiers.

Dans le menu *Édition* du Finder, cliquez sur *Afficher le Presse-papiers*. La fenêtre qui s'ouvre liste le contenu du Presse-papiers. La barre d'état (soit le bord inférieur de la fenêtre) vous renseigne sur le type d'élément en mémoire : qu'il s'agisse de texte, d'une image, d'un document...

Figure 6-1

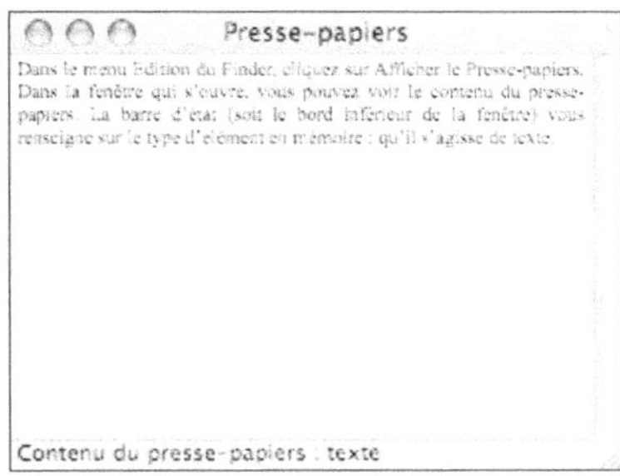

Contenu du Presse-papiers

Pour coller l'élément présent dans le Presse-papiers, il vous suffit d'utiliser le menu *Édition>Coller*.

106 Comment utiliser Spotlight ?

Spotlight est un puissant outil qui vous permet de lancer des recherches en temps réel dans vos fichiers et d'en mémoriser éventuellement le résultat, ce qui peut vous être utile dans le cas d'une recherche de photos par exemple.

Pour lancer Spotlight, cliquez sur la petite loupe bleue située en haut à droite de votre ordinateur, dans la barre des menus, ou utilisez le raccourci clavier

Pomme + Espace (raccourci que vous pouvez modifier en vous reportant à la question 108).

Vous pouvez également lancer une recherche avancée en vous positionnant dans le Finder et en appuyant sur le raccourci *Pomme + F.*

Pour savoir comment rechercher des fichiers, reportez-vous à la question 71.

Pour mémoriser les résultats de vos recherches, reportez-vous cette fois-ci à la question 109.

Vous pouvez configurer les options de Spotlight dans le panneau *Spotlight* des *Préférences Système* (voir figure 6-2) où sont notamment définis les endroits où Spotlight effectuera ses recherches par défaut.

Figure 6-2

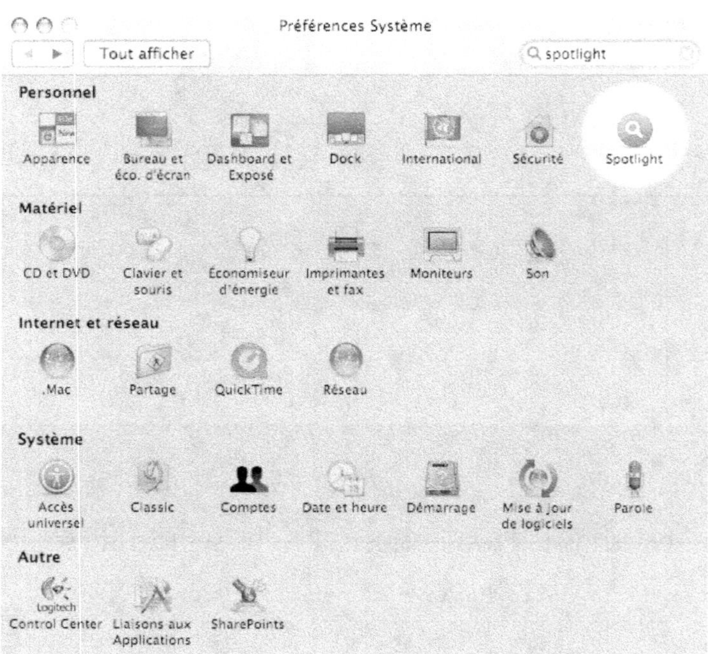

Panneau Spotlight des Préférences Système.

Vous pouvez également choisir des dossiers dans lesquels Spotlight n'effectuera pas de recherche grâce à l'onglet *Confidentialité* (voir figure 6-3).

Figure 6-3

Onglet Confidentialité du panneau Spotlight

107 Comment rechercher mes fichiers avec Spotlight ?

Pour rechercher vos fichiers avec Spotlight, rien n'est plus simple, lancez-le dans la barre de menus, tapez le terme que vous souhaitez rechercher, qu'ils s'agisse du contenu ou du nom du fichier en lui-même.

Appuyez sur *Entrée* pour lancer la recherche. Spotlight va immédiatement trouver tous les fichiers qui contiennent une information en rapport avec le terme que vous avez saisi (voir figure 6-4).

Si vous voulez rechercher un type particulier de fichier, par exemple toutes les images JPEG de votre système, il vous suffit de taper : `type:jpg` dans la fenêtre de recherche et Spotlight trouvera automatiquement tous les fichiers de ce type.

Figure 6-4

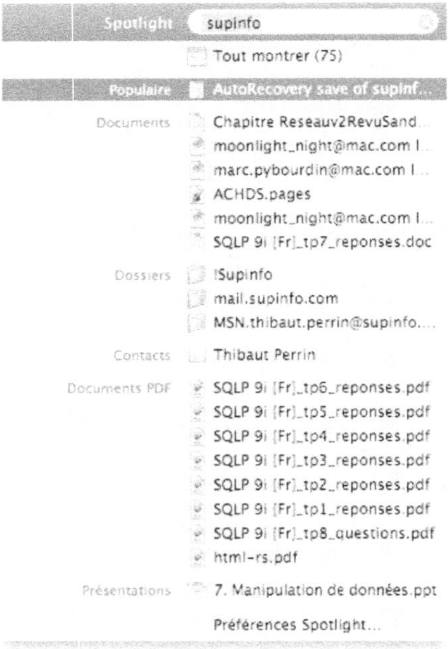

Exemple de résultat de recherche sur le terme supinfo.

Après avoir lancé la recherche, vous pouvez spécifier des critères de recherche avancés, comme la date de création, ou la couleur du fichier à rechercher. Pour cela, faites une recherche avancée en utilisant le raccourci *Pomme + F*, ou en lançant une recherche depuis le champ disponible en haut à droite des fenêtres du Finder.

Spécifiez le lieu de recherche et ajoutez des critères pour affiner vos résultats, comme présenté à la figure 6-5. Vous ajoutez ou enlevez des critères en cliquant sur les petits *+* et *−* situés en face de ces derniers.

108 Comment modifier le raccourci de Spotlight ?

Si vous souhaitez utiliser un autre raccourci que celui par défaut (*Pomme + Espace*), rendez-vous dans le panneau *Spotlight* des *Préférences Système* (voir figure 6-3). Vous pouvez, en bas de la fenêtre, choisir les raccourcis qui seront utilisés pour lancer une recherche et pour ouvrir la fenêtre Spotlight. Pour les modifier :

- soit vous sélectionnez dans la liste le raccourci qui vous convient ;
- soit vous cliquez sur le menu déroulant, et saisissez vous-même le raccourci de votre choix.

Figure 6-5

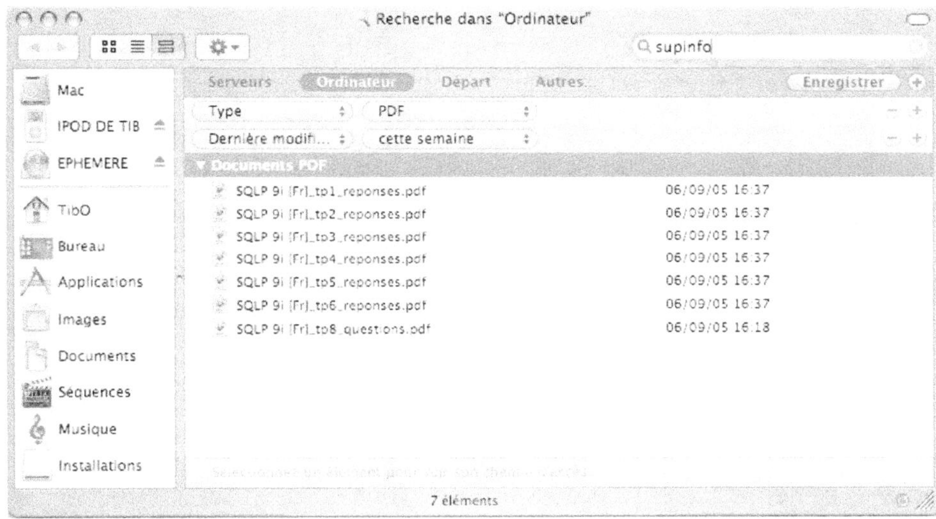

Exemple de recherche affinée sur supinfo.

109 Comment mémoriser le résultat de mes recherches avec Spotlight ?

La mémorisation des résultats passe par la création d'un dossier intelligent. Pour plus d'informations à ce sujet, reportez vous à la question 80.

Pour créer un dossier intelligent, rendez-vous dans le Finder, cliquez sur le menu *Fichier>Nouveau dossier intelligent*, ou utilisez le raccourci *Pomme + Option + N*. Vous aurez alors une fenêtre de recherche Spotlight. Effectuez votre recherche classique, puis cliquez sur *Enregistrer* une fois celle-ci terminée. Vous serez alors invité à entrer le nom et l'emplacement du dossier intelligent. Une fois le dossier sauvegardé, vous pourrez consulter à tout moment les résultats de votre recherche en l'ouvrant comme un dossier classique (voir figure 6-6).

Figure 6-6

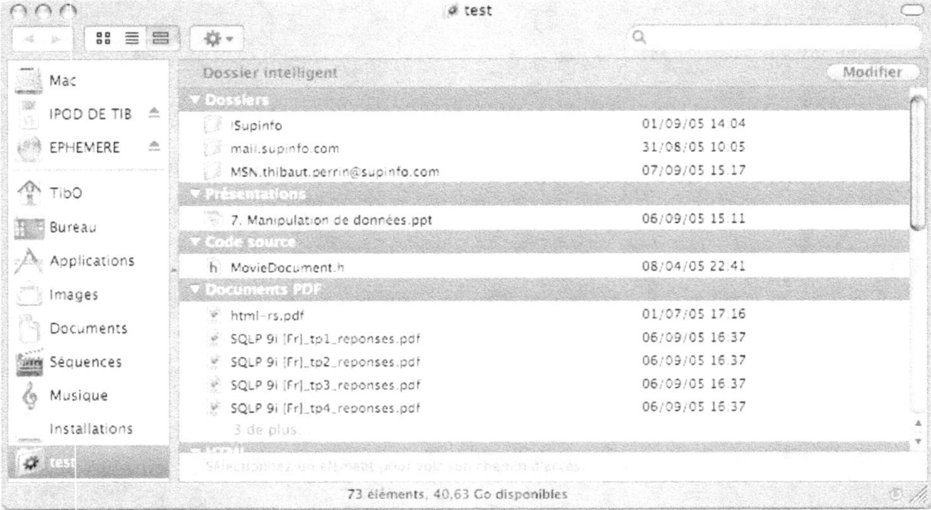

Dossier intelligent créé à partir d'une recherche

Vous pouvez également créer ce dossier intelligent à la suite d'une recherche classique, sans passer par le menu *Fichier*, en cliquant simplement sur *Enregistrer*.

110 Comment piloter un Mac à distance ?

Sur le Mac dont on veut prendre le contrôle

Pour prendre le contrôle du Mac, il faut activer le partage Apple Remote Desktop. Pour cela, rendez-vous dans le panneau *Partage* des *Préférences Système*, puis dans l'onglet *Services*, cochez la case *Apple Remote Desktop*.

Cliquez ensuite sur *Autorisations d'accès...* et cochez le compte avec lequel vous souhaitez vous connecter au Mac. Choisissez les différentes options que vous souhaitez activer ou désactiver. Cochez ensuite la case *Les visualiseurs VNC peuvent contrôler l'écran avec un mot de passe*, et spécifiez éventuellement un mot de passe (voir figure 6-7).

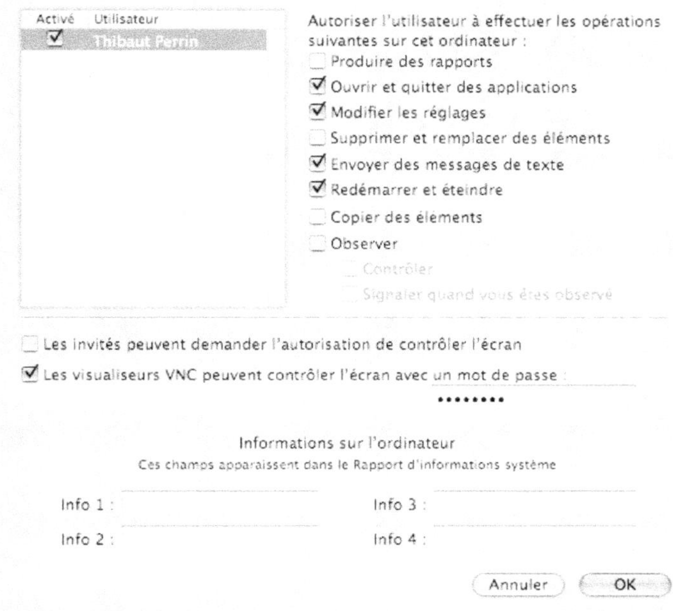

Panneau de configuration de l'accès Remote Desktop

Une fois cette configuration effectuée, nous pouvons passer à la partie connexion à proprement parler.

Sur l'ordinateur depuis lequel on veut contrôler le Mac

Si on veut prendre le contrôle depuis un autre Mac, on dispose de deux solutions :

- Apple Remote Desktop : logiciel vendu par Apple, qui vous permet de prendre le contrôle complet de l'ordinateur, logiciel étudié pour la prise de contrôle sur Mac, et qui dispose donc d'énormément d'options ;

- un client VNC (*Virtual Network Computing*) classique, comme *Chicken of the VNC*, disponible à l'adresse :
  `http://sourceforge.net/projects/cotvnc/`.

Si maintenant on veut prendre le contrôle depuis un PC, c'est possible grâce à un client VNC classique, comme RealVNC disponible à l'adresse :
`http://www.vnc.com/`

111 Comment activer la reconnaissance vocale ?

Pour activer la reconnaissance vocale, rendez-vous dans le panneau *Parole* des *Préférences Système* (voir figure 6-8).

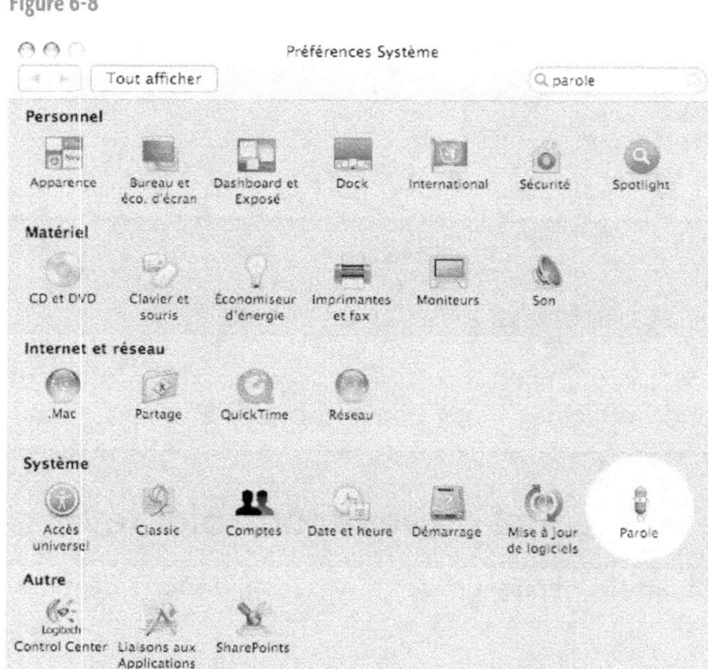

Panneau Parole des Préférences Système

Une fois dans le panneau, cliquez sur *Activer*. Vous pourrez ensuite configurer les différentes options, comme la touche d'activation, ou encore les différentes applications qui fonctionneront avec la reconnaissance, en cliquant sur l'onglet *Commandes*.

112 Comment configurer le système de commandes vocales pour le pilotage du système ?

Une fois la reconnaissance vocale activée (voir question 111), choisissez dans l'onglet *Commandes* les applications qui seront reconnues et utilisées par la reconnaissance vocale (voir figure 6-9)

Figure 6-9

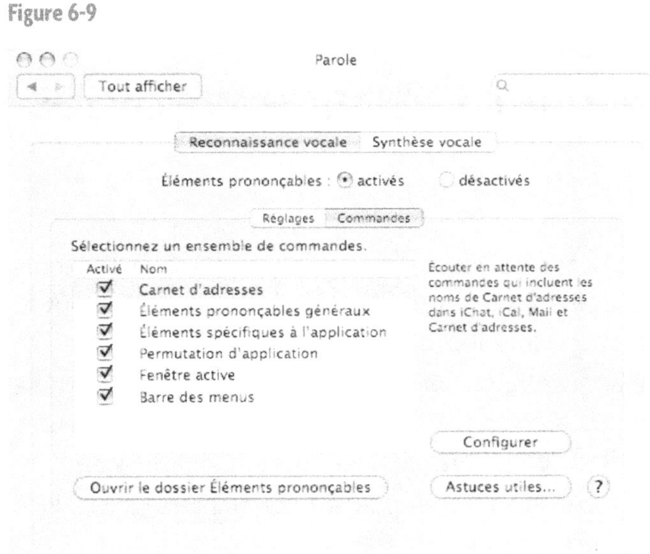

Liste des applications dont les commandes de reconnqissance vocales sont utilisables

Dans le module vocal qui s'est ouvert (le petit cercle métallique et bleuté comportant une icône de microphone qui apparaît au premier plan), cliquez sur la petite flèche en dessous, et choisissez *Open Speech Commands Window* (voir figure 6-10). Vous aurez la liste des commandes disponibles à dicter à votre ordinateur, que vous déclencherez en utilisant soit la touche que vous aurez choisie (par défaut la touche *Échap*), soit le mot-clé (par exemple s'il s'agit de Computer, l'ordinateur n'interprétera que ce que vous direz après Computer), soit les deux.

Si vous souhaitez activer un mot-clé, rendez-vous dans le panneau *Parole* des *Préférences Système*, onglet *Reconnaissance vocale*, puis configurez la méthode d'écoute. Si vous souhaitez désactiver le pilotage vocal, il vous suffit de désactiver la reconnaissance vocale dans les *Préférences Système*.

Figure 6-10

Liste des commandes utilisables une fois la reconnaissance vocale lancée

113 Comment utiliser l'espace web des utilisateurs ?

Pour par exemple partager vos photos de vacances et permettre aux ordinateurs du réseau ou aux autres utilisateurs de votre ordinateur de les voir, vous pouvez choisir de les héberger sur le site web disponible sur votre Mac.

Pour rendre votre site personnel accessible sur le réseau, il faut que le partage web soit activé sur l'ordinateur. Pour cela, rendez-vous dans le panneau *Partage* des *Préférences Système*. Cochez ensuite la case *Partage web* dans l'onglet S*ervices*.

Vous pouvez maintenant créer votre site web en plaçant vos fichiers HTML, PHP ou autres dans le dossier *Sites* de votre dossier *Départ*.

Pour accéder à votre site web et le diffuser auprès de vos amis, reportez-vous à la question 115.

114 Comment héberger un site web sur un Mac ?

Sur Mac, il est possible d'héberger deux types de sites web :

- Le premier, appelé Site web principal sera modifiable par les administrateurs de la machine uniquement. Les fichiers du site web devront être déposés dans le dossier */Bibliothèque/WebServer/Documents/*.

Le second type de site web, appelé Site web personnel, sera présent sur le système autant de fois qu'il y a d'utilisateurs. Chacun des utilisateurs pourra modifier son site web personnel en plaçant ses fichiers dans le dossier *Sites* de son dossier *Départ*.

Pour accéder à ces sites web (principal et personnel), il vous faudra activer le partage web dans le panneau *Partage* des *Préférences Système* (voir question 113).

115 Comment accéder au serveur web via le navigateur ?

Vous accédez aux sites web d'un Mac en entrant dans votre navigateur une des adresses suivantes :

- `http://monmac.local/` pour le site web principal de la machine (voir figure 6-11), où `monmac.local` est le nom de la machine, nom que vous pouvez retrouver sur la machine dont vous voulez voir le site dans l'onglet *Partage* des *Préférences Système*.

Figure 6-11

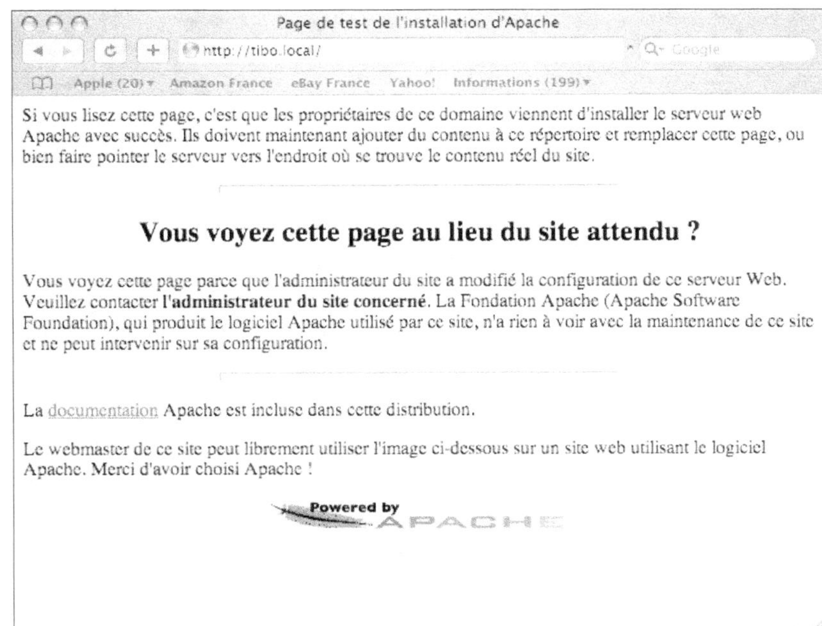

Site web principal d'un Mac

- `http://monmac.local/~user` pour le site web personnel de l'utilisateur **user** sur la machine `monmac.local` (voir figure 6-12). Changez `monmac.local` par le nom de la machine sur laquelle le site web est disponible, et en changeant **user** par le nom abrégé de l'utilisateur dont vous voulez consulter le site. Cette information est disponible dans le panneau *Comptes* des *Préférences Système*.

Figure 6-12

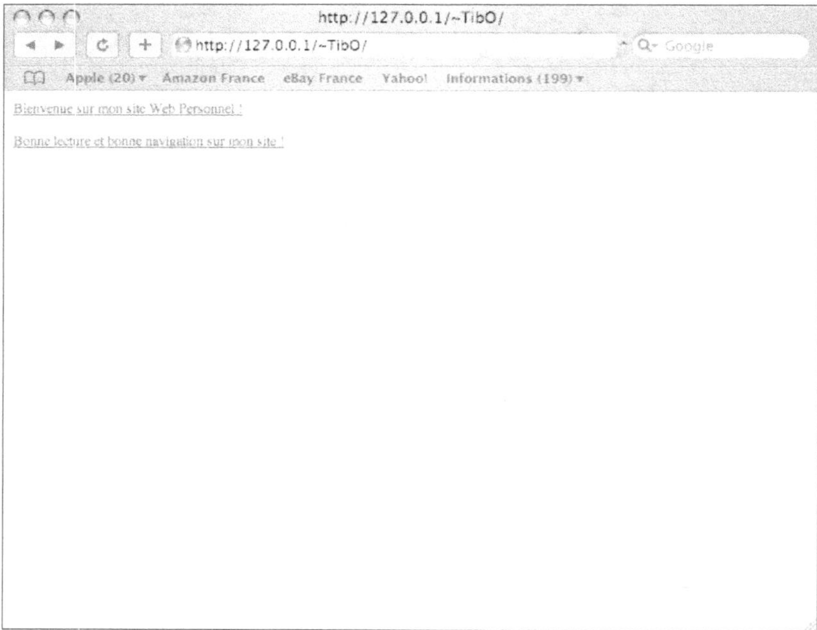

Site web personnel d'un utilisateur

116 Comment activer ou désactiver le zoom ?

Pour améliorer votre confort de lecture, vous pouvez zoomer sur certaines parties de l'écran. Pour cela, rendez-vous dans les *Préférences Système*, dans le panneau *Accès universel*. Vous y verrez différentes catégories, dont une nommée *Zoom* (voir figure 6-13). Pour activer le zoom, il suffit de cocher *Oui* à côté de l'outil *Zoom*. Vous voyez par la même occasion qu'il existe un raccourci pour activer et désactiver le zoom à l'aide du raccourci *Pomme + Option + !*.

Figure 6-13

Accès universel

Tout afficher

Lors de l'utilisation de cet ordinateur, je souhaiterais obtenir de l'aide pour :

Vue   Audition   Clavier   Souris et trackpad

VoiceOver : Activer ou désactiver VoiceOver : ⌘F5

○ Oui   ⊙ Non   Ouvrir VoiceOver Utility...

Zoom :   Activer ou désactiver le zoom : ⌘⌥!
⊙ Oui   ○ Non   Zoom avant : ⌘⌥–
                     Zoom arrière : ⌘⌥)   Options...

Afficher   Passer à blanc sur noir : ⌘⌥^!
⊙ Noir sur Blanc   ☐ Utiliser des niveaux de gris
○ Blanc sur Noir
Renforcer le
contraste :   Normal   Maximum

          Diminuer le contraste : ⌘⌥^;
          Augmenter le contraste : ⌘⌥^:   ?

☑ Activer l'accès pour les périphériques d'aide

Contenu du panneau Accès universel

Vous pouvez maintenant zoomer (et dézoomer) sur votre écran en utilisant les raccourcis *Pomme + Option +)* et *Pomme + Option + -* (signe moins).

Vous pouvez affiner le paramétrage en cliquant sur le bouton *Options* située dans la partie *Zoom*.

117 Comment utiliser les fonctions avancées de la calculatrice ?

Pour activer les fonctions scientifiques de la calculatrice, lancez l'application Calculette disponible dans votre dossier *Applications*, à ne pas confondre avec le widget calculatrice du Dashboard. Elle est par défaut en mode simplifié. Mais pour changer le mode de présentation, rendez-vous dans le menu *Présentation*, et choisissez alors le type de calculatrice que vous souhaitez utiliser (voir figure 6-14).

Figure 6-14

Calculatrice en mode scientifique

118 Comment créer un événement dans l'agenda iCal ?

Livré avec Mac OS X Tiger, iCal propose les mêmes fonctionnalités qu'un *organizer*. Pour lancer l'application, double-cliquez sur son icône dans le dossier *Applications*.

Vous aurez alors une page de calendrier. Pour créer un nouvel élément, il vous suffit de double-cliquer à l'endroit désiré. Sélectionnez le type d'affichage sur les boutons en bas, pour le jour sélectionné, la semaine en cours, ou le mois.

Une fois le nouvel élément créé, vous pouvez l'éditer. Dans le tiroir de droite se trouvent différentes options qui vous permettent de spécifier si l'élément est valable pour le jour entier, d'indiquer la durée précise, si l'élément doit être répété, et bien d'autres options, comme l'étiquette colorée *Travail* ou *Personnel* (voir figure 6-15).

Si vous souhaitez créer d'autres types d'éléments (par défaut *Travail* et *Personnel*), cliquez sur le bouton *+* (signe plus) en dessous de la colonne *Calendriers*. En décochant les groupes concernés, ils disparaîtront de votre calendrier.

Vous pouvez également faire une recherche parmi vos différents événements, en vous servant du champ disponible en bas de la fenêtre.

Figure 6-15

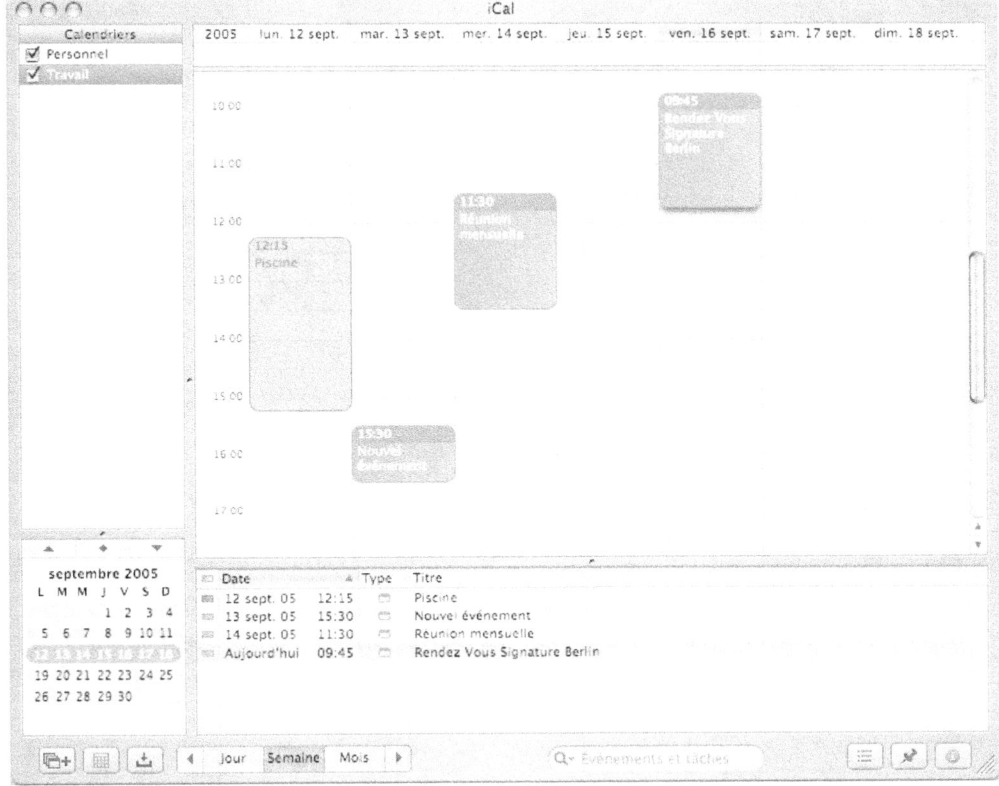

Exemple de calendrier généré sur iCal

119 Comment ajouter une photo à un contact de mon carnet d'adresses ?

Si vous disposez d'une photo d'un contact que vous souhaitez voir apparaître sur sa fiche, et ainsi l'afficher à chaque fois que vous recevrez un courrier ou un message instantané de sa part, dirigez-vous sur sa fiche dans le Carnet d'adresses, application disponible dans votre dossier *Applications*.

Une fois sur la fiche du contact, cliquez sur *Modifier* et vous trouverez ensuite plusieurs petits signes (+ et -) qui apparaîtront à côté des différentes informations du contact (voir figure 6-16).

Figure 6-16

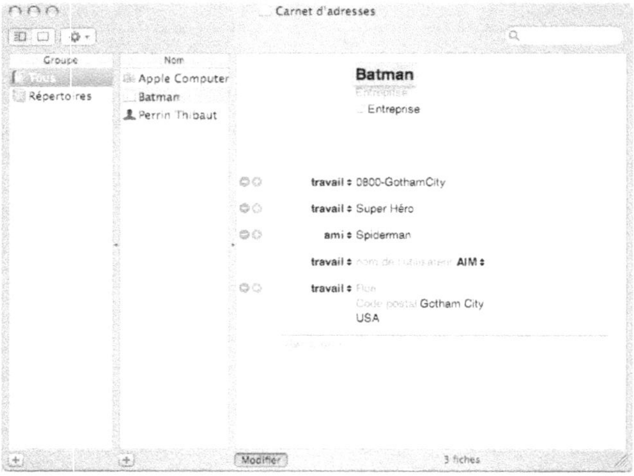

Fiche de contact en mode modification

Double-cliquez alors sur l'image du contact (vide à ce moment-là, ou avec une ancienne image) : la fenêtre de l'insertion de photo apparaît au premier plan (voir figure 6-17). Vous pouvez maintenant soit glisser-déposer l'image, soit cliquer sur *Choisir...* et indiquer l'emplacement de l'image, qui apparaît alors à l'écran.

Figure 6-17

Fenêtre de sélection de l'image

Il vous est également possible de prendre une photo au moment de la sélection de l'image et de l'ajuster en cliquant sur le bouton *Adapté*. Grâce à la barre de défilement, choisissez la zone à sélectionner pour l'affichage. Une fois le réglage terminé, cliquez sur *Définir*.

120 Comment créer un groupe dans mon carnet d'adresses ?

Si vous souhaitez regrouper les adresses de certains contacts, par exemple les membres de votre famille, afin de pouvoir envoyer des mails groupés depuis Mail, ou encore programmer un rendez-vous avec iCal, allez dans l'application *Carnet d'adresses*, disponible dans votre dossier *Applications*.

Une fois l'application lancée, vérifiez que vous êtes bien en mode d'affichage par colonnes (comme sur la figure 6-16). Si vous ne l'êtes pas, cliquez sur le bouton de présentation par colonnes, en dessous des boutons qui permettent de fermer, masquer et maximiser la fenêtre.

Création d'un groupe simple

Maintenant que vous êtes en mode d'affichage par colonnes, cliquez sur le + (signe plus) situé en bas de la colonne des groupes (la plus à gauche). Un nouveau groupe est apparu dont vous devez saisir le nom dès à présent (voir figure 6-18).

Figure 6-18

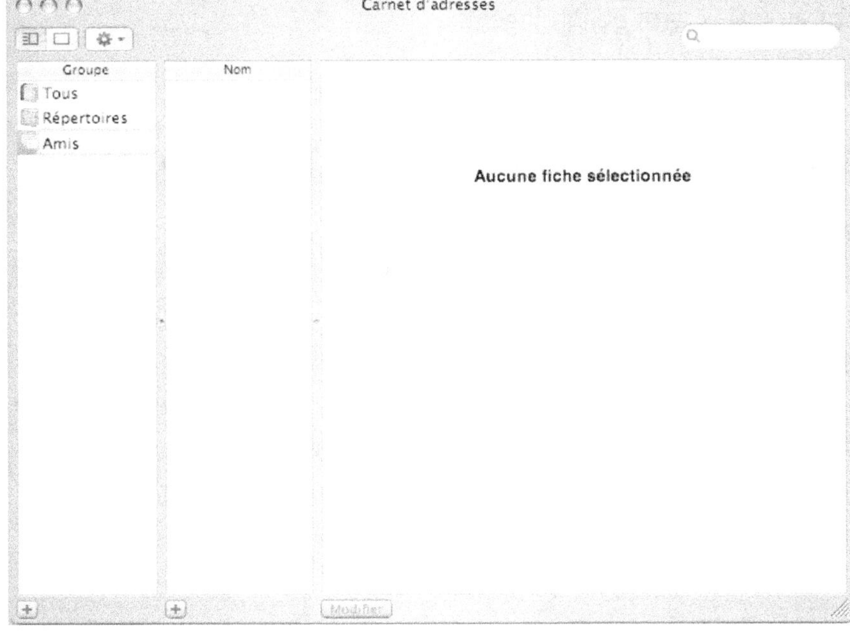

Création du nouveau groupe dans le Carnet d'adresses

Maintenant que le groupe est créé, vous n'avez plus qu'à y glisser-déposer les contacts depuis la liste complète.

Création d'un groupe à partir d'une sélection ou d'un groupe intelligent

Il est également possible de créer un groupe à partir d'une sélection. Par exemple, vous avez déjà sélectionné les membres du nouveau groupe, mais si vous utilisez la méthode classique, en cliquant sur le + en bas à gauche, les contacts seront désélectionnés, et vous devrez les sélectionner à nouveau pour les glisser-déposer dans le nouveau groupe.

Allez plutôt dans le menu *Fichier* et créez un *Nouveau groupe à partir de la sélection*. Vous pourrez alors sélectionner le nom du nouveau groupe, et les membres que vous aviez sélectionnés apparaîtront automatiquement dans le nouveau groupe. Vous pourrez ajouter des membres ultérieurement en réalisant un glisser-déposer de la même façon que précédemment.

Vous pouvez également créer un groupe de type intelligent, c'est-à-dire à partir d'une recherche sur un critère précis (par exemple le nom contient la lettre *b*). Pour cela, cliquez dans le menu *Fichier>Nouveau dossier intelligent*. Vous pourrez alors modifier son nom, ainsi que les critères de recherche le constituant. Lorsque vous créerez un nouveau contact, s'il répond aux critères de recherche, il sera automatiquement ajouté au groupe intelligent.

121 Comment envoyer une fiche du Carnet d'adresses ?

Pour envoyer une fiche du Carnet d'adresses par courrier électronique par exemple, il vous suffit de sélectionner le contact dans la liste, et de le glisser-déposer dans la fenêtre du nouveau message que vous souhaitez envoyer. Il sera automatiquement encodé en pièce jointe avec l'extension .vcf.

122 Comment exporter une fiche du carnet d'adresses ?

Pour exporter une fiche du carnet d'adresses, par exemple pour envoyer vos contacts par mail, sélectionnez les contacts que vous désirez envoyer, puis faites un clic avancé (*Ctrl + clic*) et sélectionnez *Exporter vCard*. Choisissez alors l'endroit où le fichier contenant les fiches des contacts sera enregistré, et cliquez sur *Ok*. Vos fiches sont maintenant exportées dans un fichier, et sont réutilisables, que ce soit pour l'envoi en pièce jointe d'un e-mail, ou pour une sauvegarde sur un CD-Rom.

Vous pouvez également exporter un groupe : faites un clic avancé sur le nom du groupe, sélectionnez *Exporter la vCard du groupe...* et vous aurez de la même façon la possibilité de sauvegarder un groupe en entier.

123 Comment importer une fiche dans le carnet d'adresses ?

Dans le Carnet d'adresses, rendez-vous dans le menu *Fichier>Importer*. Trois types de cartes de visite sont reconnus :

- **Au format vCard –** Des applications comme Palm Desktop, Entourage, Outlook permettent de créer des fiches à ce format.

- **Au format LDIF –** Des applications comme Netscape génèrent de telles cartes, pour ne citer que celle-là. Le format LDIF (*Lightweight Directory Interchange Format*) est un format de fichier ASCII utilisé entre des serveurs LDAP.

- **Au format texte –** Sont comprises dans ce format les fiches au format CSV (*Comma Separated Values*, générées par le Carnet d'adresses sous Outlook Express par exemple).

Choisissez le type de cartes correspondant à celui de la fiche à importer, puis parcourez votre ordinateur jusqu'à celle-ci.

Bien sûr, vous avez également la possibilité de double-cliquer directement sur une vCard que vous venez de recevoir pour qu'elle soit ajoutée automatiquement à votre carnet d'adresses !

124 Comment sauvegarder votre carnet d'adresses ?

Pour sauvegarder votre carnet d'adresses, lancez-le simplement depuis votre dossier *Applications* et sélectionnez dans le menu *Fichier>Sauvegarder le carnet d'adresses*. Vous pourrez alors choisir l'emplacement où vous sauverez votre précieux carnet d'adresses, et vous pourrez ensuite graver ce fichier pour en conserver une sauvegarde en lieu sûr.

125 Comment accéder au Dashboard ?

Le Dashboard compte parmi les nouvelles applications de la version Tiger de Mac OS X. Il est composé de petits widgets que vous pouvez ajouter à l'envi comme une horloge, un calendrier, la météo, le programme télé du jour, etc.

Il y a deux manières de lancer le Dashboard :

- en cliquant sur son icône dans le Dock (voir figure 6-19) ;

Figure 6-19

Icône de Dashboard

- en appuyant sur la touche *F12* de votre ordinateur.

Une fois le Dashboard lancé, les différents widgets apparaîtront à l'écran. Pour revenir à l'écran normal, cliquez sur l'écran, à côté d'un widget, ou appuyez de nouveau sur la touche *F12*.

126 Comment ajouter de nouveaux éléments (widgets) dans le Dashboard ?

Pour ajouter un nouveau widget dans le Dashboard, il y a deux possibilités :

- Le widget est présent avec le système, auquel cas passez directement à la suite.

- Le widget n'est pas présent sur le système, auquel cas reportez-vous à la question 127 pour savoir où télécharger de nouveaux widgets.

Une fois que le widget (fichier *.wdgt) est installé sur le système, par double-clic sur son icône, accédez au Dashboard (touche *F12*), et cliquez sur le signe + en bas à gauche de l'écran. La liste des widgets disponibles apparaît alors et vous pouvez la faire défiler en cliquant sur les flèches des côtés (voir figure 6-20). Pour ajouter un widget, sélectionnez-le dans la liste et faites-le glisser sur l'écran à l'endroit désiré, puis relâchez le clic de la souris. Le nouveau widget est prêt à être utilisé !

Figure 6-20

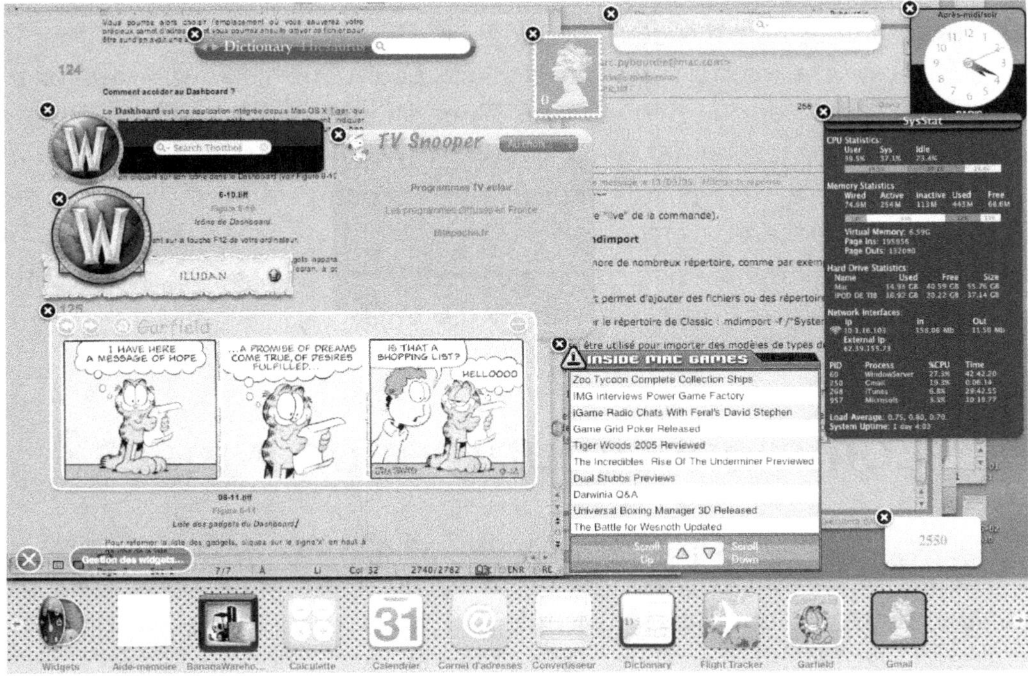

Liste des widgets du Dashboard

Pour refermer la liste des widgets, cliquez sur le signe *x* en haut à gauche de la liste.

127 Où télécharger des widgets ?

Faites apparaître la liste de vos widgets (en cliquant sur le signe *+* en bas à gauche de l'écran) et cliquez sur *Gestion des widgets*. Dans la nouvelle fenêtre, cliquez sur *Plus de widgets*. Vous serez alors automatiquement redirigé vers le site web d'Apple qui propose des milliers de widgets en téléchargement.

Une fois le téléchargement terminé, double-cliquez sur le fichier `.wdgt`. Le Dashboard se lancera automatiquement, vous demandant si vous souhaitez réellement installer le widget. Une fois que vous aurez confirmé, vous pourrez déplacer la fenêtre du widget à votre gré sur votre écran.

128 Peut-on créer soi-même des widgets ?

Si vous maîtrisez les bases du HTML, du JavaScript et de CSS, il vous est tout à fait possible de créer vos propres widgets. Vous pourrez même intégrer des fonctionnalités spécifiques du système Mac OS X en utilisant de l'AppleScript, en faisant ainsi intervenir les applications courantes du système.

Des exemples de widgets sont fournis avec les outils de développement de Mac OS X, si vous désirez y jeter un œil.

Pour en savoir plus, nous ne pouvons que vous inviter à vous rendre sur le site web d'Apple Developer Connection : `http://developer.apple.com/fr/`.

129 Comment supprimer un widget ?

Lorsque vous souhaitez supprimer un widget, vous pouvez utiliser deux méthodes. La première consiste à supprimer l'affichage du widget, la deuxième à le supprimer du système. Tout d'abord, lancez le Dashboard (voir question 125). Une fois sur l'écran avec les widgets, cliquez sur le signe *+* en bas à gauche de l'écran.

Vous remarquez alors que chaque fenêtre de widget possède une croix en haut à gauche. Cliquez sur cette croix pour faire disparaître le widget de votre écran. Le widget reste malgré tout disponible dans la liste en bas de l'écran.

Si vous souhaitez l'enlever de la liste des widgets disponibles, cliquez alors sur *Gestion des widgets*. Il vous suffit alors de décocher le widget dont vous ne voulez plus.

130 Comment programmer Automator pour automatiser vos tâches ?

Automator est un petit outil très puissant présent depuis Mac OS X Tiger qui permet d'automatiser un certain nombre de tâches (par exemple redimensionner un grand nombre de photos, renommer des fichiers, etc.). Pour créer une tâche automatisée, lancez l'application *Automator*, disponible dans votre dossier *Applications*.

Vous vous retrouvez alors en face de la fenêtre principale d'Automator, avec dans la colonne de gauche la *Bibliothèque*, qui correspond à la liste des éléments avec lesquels Automator peut interagir. Dans la colonne du milieu, vous avez la liste des actions possibles pour l'application sélectionnée, et enfin dans la partie droite de la fenêtre, vous avez toute la description de votre processus, vide pour l'instant. Imaginons que vous deviez récupérer des images, les redimensionner, changer le type et enfin les mettre en nuance de gris.

- Commencez par sélectionner l'application *Finder* dans la liste de gauche, puis sélectionnez l'action nommée *Obtenir les éléments Finder sélectionnés* et glissez-la dans la fenêtre du processus.

- Sélectionnez ensuite l'application *Aperçu* et l'action *Redimensionner les images*, puis faites-la glisser dans la partie droite, en dessous de la première action. Automator vous demande alors si vous souhaitez ajouter une action de copie afin de sauvegarder vos fichiers originaux. Si vous souhaitez travailler sur une copie, sélectionnez *Ajouter*. Choisissez ensuite la nouvelle dimension à appliquer aux images.

▓ Choisissez l'action *Modifier le type des images*, toujours dans l'application Aperçu, glissez-la dans la partie de droite, en dessous des actions déjà présentes, et sélectionnez le type de sortie des images, pour notre exemple *tiff*.

▓ Enfin choisissez *Process images* dans la catégorie *Exemple de processus* et l'action *Appliquer un profil ColorSync à des images* que vous glissez dans la partie droite. Choisissez le profil *Moniteurs>Profil générique gris* et sauvegardez (voir figure 6-21).

Figure 6-21

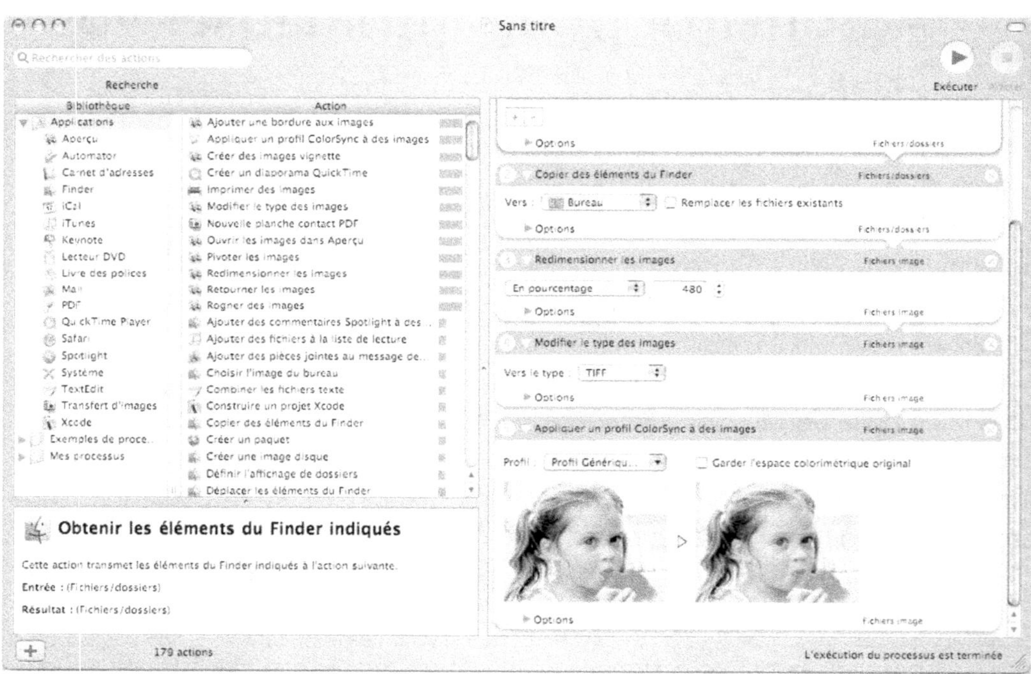

Processus Automator

Pour lancer l'exécution de la séquence d'opérations, cliquez sur le bouton *Exécuter* en haut à droite. Automator vous demandera alors les fichiers qu'il doit utiliser pour réaliser le processus.

131 Comment taper les caractères qui ne sont pas sur un clavier ?

Les claviers ne possèdent pas tous les caractères imprimables dont on peut avoir besoin. C'est pourquoi pour insérer dans les textes des caractères supplémentaires il faut recourir à la Palette de caractères. Pour l'afficher, rendez-vous dans les *Préférences Système* et utilisez le raccourci *Pomme + Option + T*.

Figure 6-22

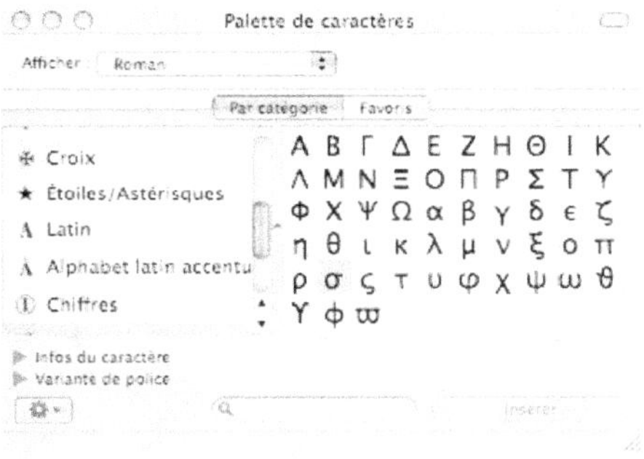

Palette de caractères

Glissez-déposez le caractère désiré dans l'application de votre choix pour l'y insérer. Les traitements de texte ont également un menu d'insertion pour ces caractères spéciaux. Pour Word et NeoOffice, rendez-vous dans le menu *Insertion>Caractères Spéciaux*.

132 Comment programmer un raccourci clavier ?

Pour être productif avec son poste de travail, il est utile de se servir des raccourcis clavier. Certains sont déjà présents, comme le copier-coller, mais vous voudrez peut-être en ajouter d'autres correspondant mieux à vos besoins, comme le lancement de certaines applications. Pour cela, allez au panneau *Clavier et souris* des *Préférences Système*. Cliquez ensuite sur l'onglet *Raccourcis clavier*.

Figure 6-23

Fenêtre des raccourcis clavier

Cliquez sur le petit + en bas à gauche pour ajouter un nouveau raccourci. Vous devez définir dans quelle application vous voulez en disposer, le nom exact de la fonction, et le raccourci en lui-même. Une fois que vous avez validé, le raccourci est mis dans la liste et, si la combinaison de touches est déjà utilisée par un autre raccourci, un petit point d'exclamation dans un triangle jaune vous en avertit ; vous pouvez alors supprimer un raccourci juste en le décochant.

133 Comment créer un fichier PDF à partir d'un fichier DOC, d'une présentation, d'une page web ?

Pour créer un fichier PDF à partir d'un fichier **.doc**, rien n'est plus simple : dans l'application Microsoft Word, cliquez sur *Fichier>Imprimer*. En bas à gauche de la fenêtre d'impression, cliquez sur le bouton *PDF*, puis dans le menu déroulant, cliquez sur *Enregistrer en format PDF*.

■ À partir d'une présentation Keynote, vous pouvez de manière identique enregistrer votre fichier en PDF, en sélectionnant dans la fenêtre d'impression la même option que précédemment. Une autre possibilité consiste à sélectionner le menu *Fichier>Exporter*, puis le format *PDF*. Le résultat obtenu sera le même que via le menu *Imprimer*.

Pour enregistrer une page web en PDF, vous pouvez procéder de la même façon.

Gravure

chapitre 7

L'ère de la disquette est définitivement révolue chez Apple. Place au CD-Rom et au DVD-Rom pour sauvegarder et partager vos données et fichiers. S'il existe différents logiciels de gravure, sachez que le Finder sait très bien graver vos disques.

134 Comment lire le contenu d'une image disque ?

Définition

Une image disque est un fichier binaire qui, lorsqu'on l'ouvre, est transformé en disque virtuel, qui se comporte comme un disque classique.

Mac OS X Tiger n'a besoin d'aucun logiciel supplémentaire pour lire des images de CD-Rom ou DVD-Rom. Leurs extensions sont `.dmg`, `.cdr`, `.toast` ou encore `.iso`. Il suffit de double-cliquer sur leur icône pour accéder à leur contenu. Cela vous évitera ainsi de les graver.

Après avoir double-cliqué sur une image disque, une nouvelle icône s'affiche sur le bureau : il s'agit d'un disque virtuel. Une fois que vous aurez terminé d'utiliser le disque virtuel, il vous faudra l'éjecter en utilisant le raccourci clavier *Pomme + E*, ou en sélectionnant *Fichier>Éjecter le disque*.

135 Pourquoi et comment créer un dossier à graver ?

Pour faire une compilation des fichiers qu'on souhaite graver, Apple a mis au point les dossiers à graver. Ces dossiers permettent de faire une liste des fichiers à graver, sans avoir à tous les déplacer au même endroit. En effet, dans un dossier à graver, on enregistre les emplacements des fichiers à graver et non pas les fichiers eux-mêmes.

Important

Lorsque vous graverez un dossier de ce type, le Finder ira automatiquement rechercher la dernière version des fichiers qu'il contient.

Pour créer un tel dossier, choisissez *Nouveau dossier à graver* dans le menu *Fichier* de la barre des menus du Finder. Vous reconnaîtrez ce nouveau dossier grâce à son icône particulière ; il sera créé dans le répertoire où vous vous trouvez. Vous remarquerez également que ce dossier se présente différemment, à cause, entre autres de cette barre noire qui se range juste en dessous de la barre d'outils de la fenêtre (voir figure 7-1).

Figure 7-1

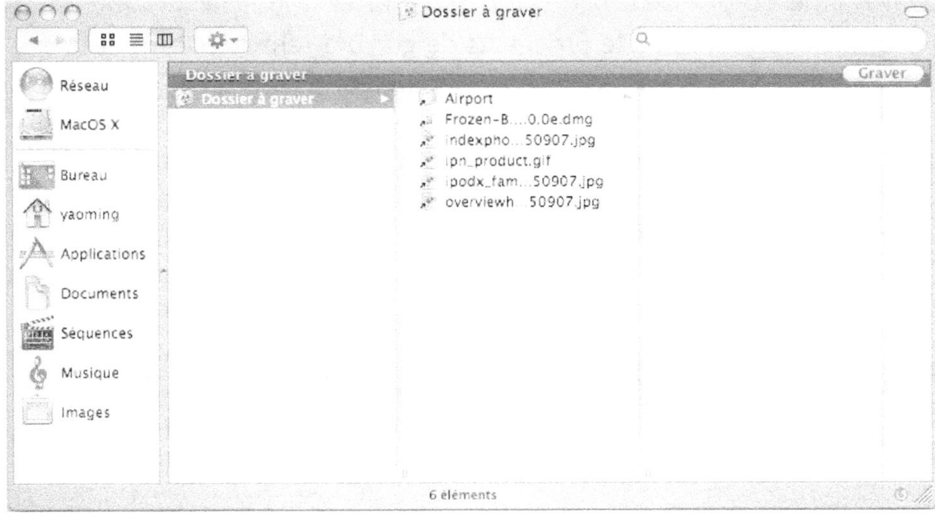

Dossier à graver

Regroupez à l'intérieur de ce dossier tous les fichiers que vous souhaitez graver par glisser-déposer.

Attention

Les petites flèches sur les dossiers et fichiers glissés-déposés signifient qu'il s'agit en fait d'alias. Il ne faut donc plus déplacer les originaux tant que la gravure n'a pas eu lieu, sinon les liens seront brisés et vos fichiers ne seront finalement pas gravés sur le CD/DVD-Rom !

Afin de savoir quelle est la taille du contenu que vous y avez placé, affichez les informations du dossier à graver via le raccourci clavier *Pomme + I.*

Figure 7-2

Informations du dossier à graver

Une fois que vous avez classé tous vos fichiers dans ce dossier, cliquez sur le bouton *Graver* situé à droite de la barre noire et reportez-vous à la question 136.

Vous remarquerez qu'une fois le processus de gravure terminé, votre dossier à graver reste présent. Cela vous permettra de graver plus tard un CD/DVD-Rom avec le même contenu, sauf si vous avez apporté des modifications à vos documents. Dans ce cas, la dernière version de vos fichiers sera gravée. Cela peut s'avérer pratique dans bien des cas, si vous désirez toujours graver la dernière version de votre comptabilité par exemple.

136 Comment graver des fichiers sur un CD ou un DVD ?

Insérez votre CD-Rom ou DVD-Rom vierge dans le lecteur Combo ou Super-Drive de votre ordinateur. Une fenêtre apparaît, vous demandant le nom du CD/DVD-Rom et la vitesse à laquelle vous voulez graver. Cliquez alors sur le bouton Graver (voir figure 7-6).

Figure 7-3

Fenêtre à l'insertion d'un disque vierge

Choisissez l'option *Ouvrir Finder*, puis cliquez sur le bouton *Ok*. L'icône de votre disque s'affiche sur votre bureau et dans la barre latérale gauche de vos fenêtres (voir figure 7-4).

Glissez-déposez dans la fenêtre du disque les fichiers que vous désirez graver. Vous pouvez contrôlez l'espace libre qui vous reste grâce aux informations données en bas de la fenêtre (voir figure 7-5).

Figure 7-4

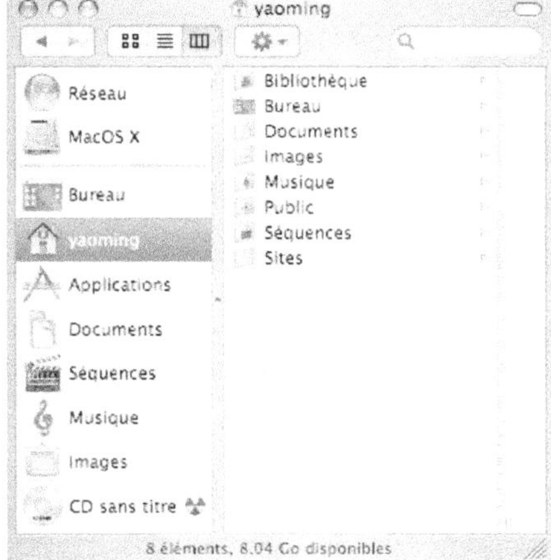

Barre latérale

Figure 7-5

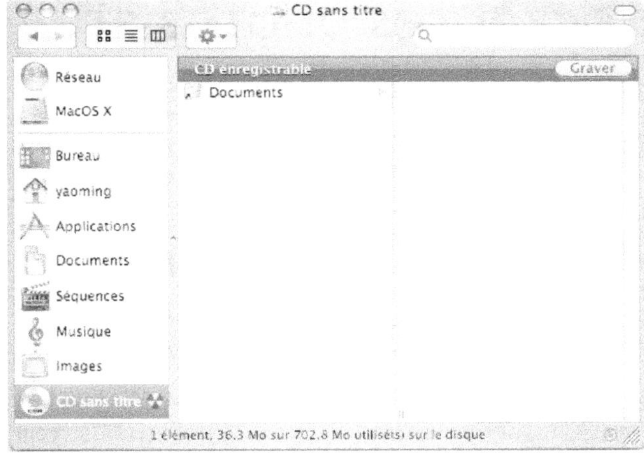

Fenêtre du CD-Rom

Une fois tous les fichiers à graver déposés, vous pouvez changer l'organisation des fichiers qui seront gravés, en choisissant le nom qu'ils auront sur le CD final en les renommant sur le CD, ou en déplaçant des dossiers, etc. Cliquez sur le bouton *Graver* situé à droite de la barre noire (voir figure 7-5). Une fenêtre apparaît, vous demandant le nom du CD/DVD-Rom et la vitesse à laquelle vous voulez graver. Cliquez alors sur le bouton *Graver*.

Enfin, attendez que le CD/DVD-Rom sorte de votre lecteur une fois la gravure terminée.

Figure 7-6

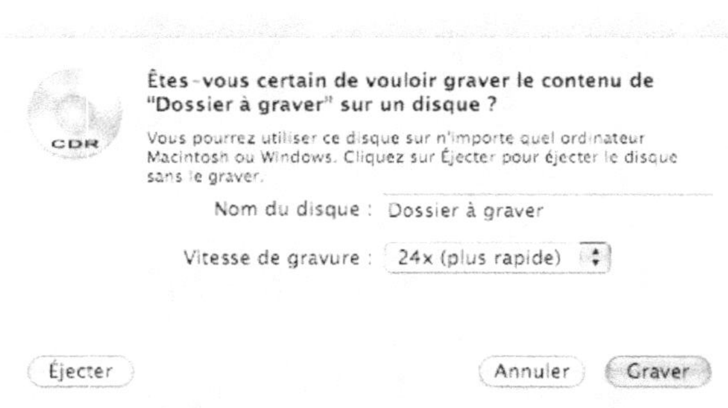

Confirmation de gravure

Vous pouvez aussi utiliser les dossiers à graver. Pour cela, reportez-vous à la question 135.

137 Comment stocker ses photos et films sur DVD-Rom ou CD-Rom ?

Grâce à la suite iLife, il est très facile de graver photos et films. Avec iPhoto, sélectionnez votre bibliothèque ou l'un de vos albums, puis utilisez la fonction *Graver le disque* dans le menu *Partager* de la barre de menus (voir figure 7-7). Si vous souhaitez graver différentes photos de différents albums, le plus simple est de créer un nouvel album qui contiendra toutes les photos que vous voulez graver.

Avec iMovie HD ou iDVD, après avoir monté votre projet, choisissez *Gravure du projet sur le disque* accessible depuis le menu *Fichier* de la barre de menus (voir figure 7-8).

138 Comment réaliser une image d'un CD-Rom ou d'un DVD-Rom ?

1. Insérez tout d'abord le CD-Rom ou DVD-Rom que vous voulez copier dans votre lecteur CD. Son icône apparaît alors sur le bureau.

Figure 7-7

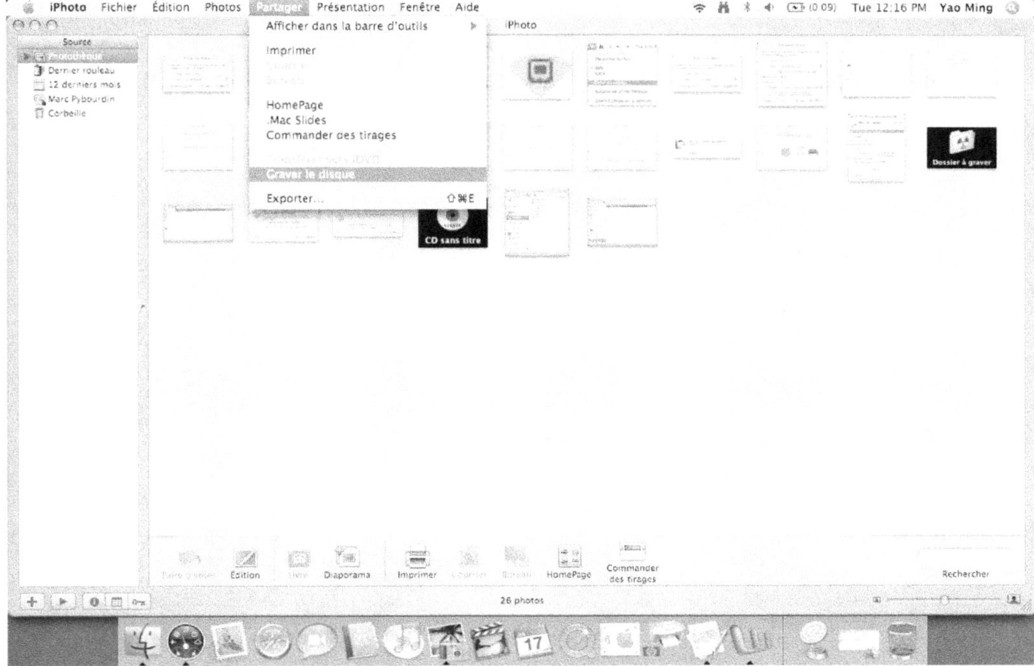

Graver avec iPhoto

Figure 7-8

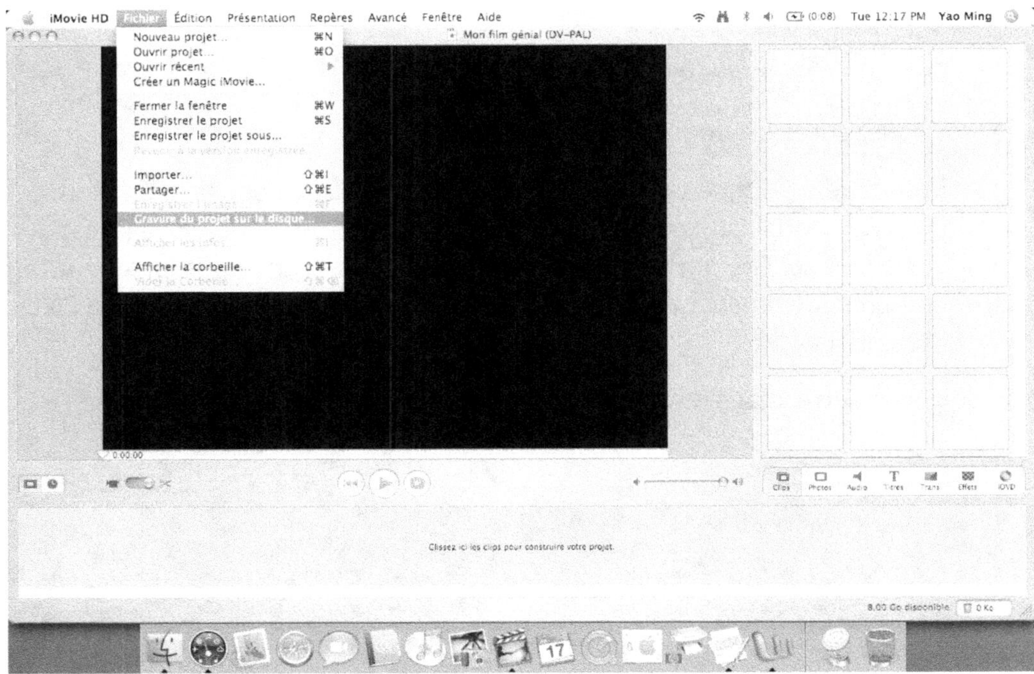

Graver avec iMovie HD

2. Lancez *Utilitaire de disque*, accessible dans le dossier */Applications/Utili-taires*. Votre CD-Rom ou DVD-Rom apparaît dans la colonne de gauche de la fenêtre principale. Sélectionnez-le puis allez dans le menu *Fichier>Nou-velle>Image disque de xxxx* (nom de votre CD-Rom). Une fenêtre comme celle de la figure 7-9 apparaît à l'écran.

Figure 7-9

Convertir l'image

Enregistrer sous : Mon CD

Où : Bureau

Format de l'image : comprimée

Chiffrement : aucun

Annuler   Enregistrer

Fenêtre Convertir l'image

3. Dans le champ *Enregistrer sous*, tapez le nom que vous voulez : il n'a pas d'importance, car il s'agit simplement du nom de l'image disque qui va être préalablement créée, et non celui du CD-Rom ou DVD-Rom final qui sera identique à celui du CD-Rom ou DVD-Rom original.

4. Dans *Format de l'image*, sélectionnez *Maître DVD/CD*.

5. Dans *Chiffrement* sélectionnez *Aucun*.

6. Cliquez sur le bouton *Enregistrer*.

7. L'utilitaire de disque va alors réaliser une image disque de votre CD-Rom ou DVD-Rom original. Lorsque cette opération est terminée, l'image est sur votre bureau. Elle porte l'extension **.cdr** et le nom que vous lui avez attri-bué précédemment. Vous pouvez maintenant éjecter le CD-Rom ou DVD-Rom original.

Afin de graver cette image disque, reportez-vous à la question 140.

139 Comment copier un CD-Rom ou un DVD-Rom ?

Même si vous ne disposez pas du logiciel Toast sous Mac OS X, il vous est toutefois possible de réaliser une copie conforme de CD-Rom ou DVD-Rom de données grâce à l'application Utilitaire de disque.

Attention

Nous traitons dans cette question que des CD-Rom et DVD-Rom de données. Cette méthode ne fonctionne donc ni pour les DVD de film ni pour les CD audio.

Il s'agit de réaliser une image de votre CD/DVD-Rom original (voir question 138) puis de la graver sur un disque vierge (voir question 140).

Cette méthode s'avère plus complexe que celle proposée par Toast (où il suffit de cliquer sur un simple bouton), mais elle vous garantira néanmoins un résultat sûr et fiable. Votre CD-Rom copié sera en tout point identique à l'original.

Légalité

Ne réalisez des copies de CD-Rom ou DVD-Rom commerciaux (logiciels, jeux...) que pour votre usage personnel, afin d'être en conformité avec les licences d'utilisation de ces produits. Il s'agit ici uniquement de réaliser des CD-Rom ou des DVD-Rom de sauvegarde.

140 Comment graver une image de CD/DVD-Rom ?

Pour graver une image, vous aurez besoin de l'utilitaire de disque présent dans le dossier */Applications/Utilitaires/*. Normalement, votre image disque se trouve déjà dans la partie gauche du logiciel. Si ce n'est pas le cas, vous pouvez l'ajouter avec un glisser-déposer. Sélectionnez-la et utilisez la fonction *Graver* (*Pomme + B*) accessible depuis le menu *Image* de la barre de menus (voir figure 7-10)

Une fenêtre s'affiche pour vous demander une confirmation ; cliquez sur *Graver* si tout vous convient.

Figure 7-10

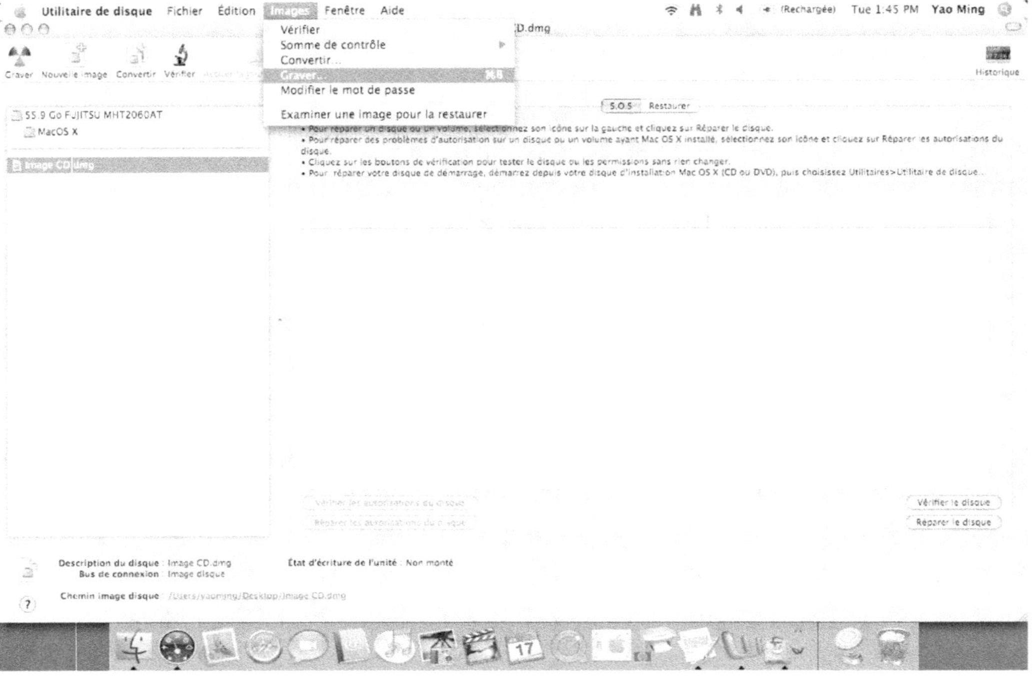

Graver avec l'utilitaire de disque

141 Comment effacer un CD-RW et un DVD-R ?

Lancez l'utilitaire de disque. Insérez le CD-RW ou le DVD-RW à effacer ; son icône apparaît alors dans la colonne de gauche. Sélectionnez-la puis cliquez sur l'onglet *Effacer* et enfin sur le bouton *Effacer*. Une nouvelle fenêtre vous demande de confirmer : cliquez à nouveau sur le bouton *Effacer*.

La procédure d'effacement commence. Après quelques instants, vous aurez à nouveau un CD-RW/DVD-RW totalement vierge et prêt à l'emploi.

142 Comment graver en multisession ?

Graver un CD-Rom ou DVD-Rom en multisession permet d'économiser vos supports : il est en effet dommage de « gaspiller » un DVD-Rom d'une capacité de 4 Go, alors que les fichiers que vous voulez graver ne pèsent que 2 Go. En recourant à la gravure en multisession, vous aurez la possibilité de graver ultérieurement de nouvelles données sur le même support.

Graver la première session

1. Lancez l'utilitaire de disque et allez dans le menu *Fichier*, puis *Nouvelle* et *Image disque vide* afin de créer une image disque. Il s'agira de la première partie des données que nous graverons sur le disque.

Il est important de n'utiliser que l'Utilitaire de disque pour que cette méthode soit valide. Si vous entamez votre disque par une gravure depuis le Finder, vous ne pourrez pas ensuite graver d'autres sessions avec Utilitaire de disque.

2. Dans la zone de dialogue qui s'ouvre, choisissez *Bureau* dans le menu déroulant *Où*, puis enregistrez votre image sous le nom que vous souhaitez après avoir indiqué la taille adéquate (en la sélectionnant dans le menu déroulant du même nom) en fonction du volume des fichiers que vous devez graver. Prévoyez un tout petit peu plus de place par sécurité : par exemple, si la totalité des fichiers que vous voulez graver « pèse » 116,32 Mo, alors tapez 118 Mo ou même 120 Mo.

3. Choisissez enfin le format *Image disque* en *lecture/écriture* et laissez *Chiffrement* sur *Aucun*. Cliquez sur le bouton *Créer.* Votre image disque apparaît alors sur le bureau, ainsi que son volume. Glissez-déposez les fichiers que vous voulez graver dans l'image disque pour la remplir. Éjectez cette image en faisant comme si vous jetiez son icône à la corbeille.

4. Il vous reste alors juste le fichier de l'image disque (dont l'extension est `.dmg`) sur le bureau. Rassurez-vous, tous vos fichiers y sont enregistrés. Retournez dans l'utilitaire de disque, sélectionnez l'image à gauche dans la fenêtre de l'application et dirigez-vous dans le menu *Images>Graver.* Insérez

votre disque vierge quand vous y êtes invité, puis cliquez sur le bouton bleu avec un triangle noir situé juste à droite du nom de votre graveur (tout en haut à droite) afin d'ouvrir complètement cette fenêtre.

Figure 7-11

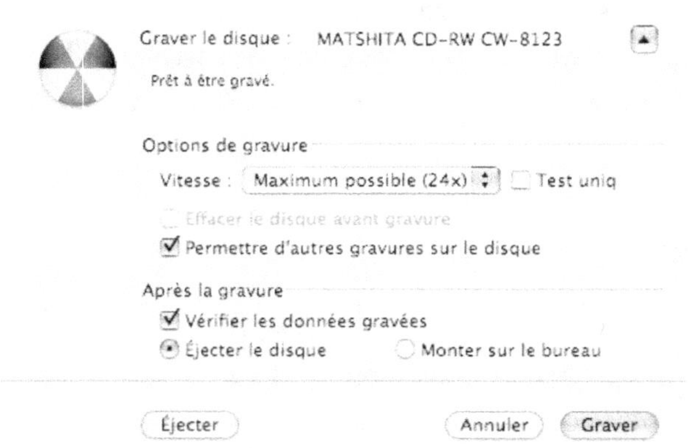

Options de gravure

5. Cochez *impérativement* la case *Permettre d'autres gravures sur le disque*. Choisissez aussi quoi faire de votre CD-Rom une fois gravé : l'éjecter ou le monter sur le bureau. Vous pouvez également modifier certains paramètres (vitesse de gravure, vérification de celle-ci). Il ne vous reste plus qu'à cliquer sur le bouton *Graver*. Ne seront bien entendu gravés que les fichiers contenus dans votre image disque.

Gravure des sessions suivantes

Vous pouvez graver autant de sessions que vous le voulez sur un même CD-Rom ou DVD-Rom, jusqu'à sa saturation.

Refaites les mêmes opérations que pour la gravure de votre première session, mais avec votre nouveau contenu. Lorsque que vous choisissez *Graver* dans le menu *Image* de l'utilitaire de disque, insérez cette fois non pas un disque vierge, mais celui déjà utilisé. Cliquez cette fois sur le bouton *Ajouter* et la gravure de votre nouvelle session démarre.

Important

N'oubliez pas de cocher à nouveau la case *Permettre d'autres gravures* sur le disque si vous souhaitez ajouter d'autres sessions de gravure sur votre disque !

143 Comment personnaliser le fond de vos CD ou DVD-Rom ?

Il est possible sous Mac OS X de créer son CD-Rom de manière personnalisée en changeant le fond de sa fenêtre. Pour cela, insérez votre disque vierge ou créez un dossier à graver (voir question 135) et ouvrez-le. Utilisez l'affichage en icônes (voir question 95) et faites un clic avancé sur le fond de la fenêtre. Sélectionnez *Afficher les options de présentation*. Une fenêtre apparaît avec davantage d'options parmi lesquelles vous devrez choisir.

Figure 7-12

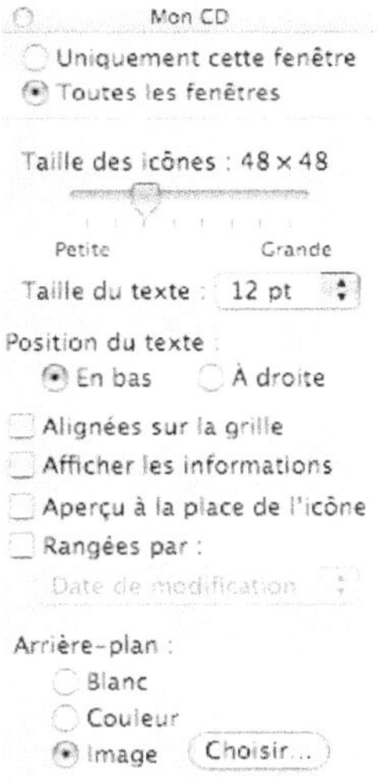

Options de présentation

Cochez *Uniquement cette fenêtre* sinon toutes celles du Finder appliqueront votre modification. Regardez la partie du bas nommée *Arrière-plan*. Si vous désirez juste appliquer une couleur, choisissez *Couleur*. Un petit carré blanc s'affiche à côté de l'option : cliquez dessus pour la modifier. Vous pouvez aussi mettre une image. Pour cela, sélectionnez *Image* puis cliquez sur le bouton *Choisir* afin de la sélectionner. Une fois que vous êtes satisfait de votre choix, gravez votre disque (voir question 136)

144 Comment graver un CD-Rom ou un DVD-Rom lisible sous Mac et PC ?

Tous les CD-Rom et DVD-Rom de données que vous gravez sous Mac OS X sont compatibles avec les PC. Seuls les disques achetés dans le commerce ne sont pas compatibles (c'est le cas par exemple de votre DVD-Rom d'installation de Mac OS X), car ils n'utilisent pas la même norme de gravure. Il est aussi conseillé de ne pas utiliser de caractères spéciaux dans le nom du CD/DVD-Rom (/, \, -,!...) car différents systèmes pourraient avoir du mal à les gérer. La vérification des logiciels comme Toast qui proposent de graver des CD compatibles PC et Mac n'est en fait qu'une vérification au niveau du nom.

Impression

chapitre 8

Après avoir installé et configuré votre Mac, nous allons maintenant passer à la configuration de l'impression. Même si l'utilisation d'une imprimante est des plus intuitives, elle nécessite quelquefois des configurations plus avancées, que ce soit pour l'utilisation basique, ou pour l'impression sur des ordinateurs distants.

145 Comment installer une nouvelle imprimante ?

Rendez-vous dans le panneau *Imprimantes et Fax* des *Préférences Système*, puis dans l'onglet *Impression*. Cliquez alors sur le signe *+* pour ajouter une nouvelle imprimante (voir figure 8-1). Dans la fenêtre qui s'ouvre, cliquez sur *Navigateur par défaut*.

Figure 8-1

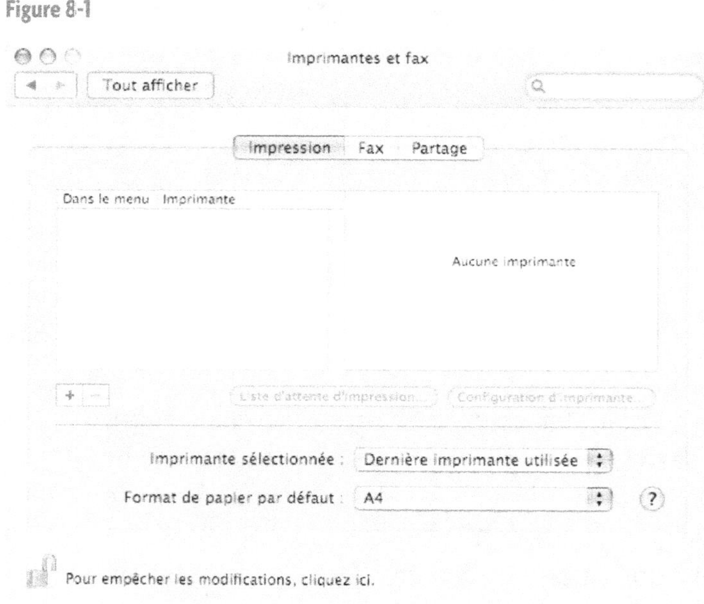

Ajout d'une nouvelle imprimante

Votre imprimante est alors présente dans la liste : il vous suffit de la sélectionner, et de cliquer sur *Ajouter*.

Elle sera alors disponible dans la liste des imprimantes lorsque vous choisirez d'imprimer un fichier.

Pour les installations via PPD, il faut passer par CUPS (*Common Unix Printing System*). La configuration se fait alors via un serveur web intégré à CUPS et accessible sur `http://127.0.0.1:631/`

146 Comment optimiser l'impression d'un document ?

Après avoir ouvert votre document (en double-cliquant dessus) sélectionnez *Fichier>Imprimer*.

Figure 8-2

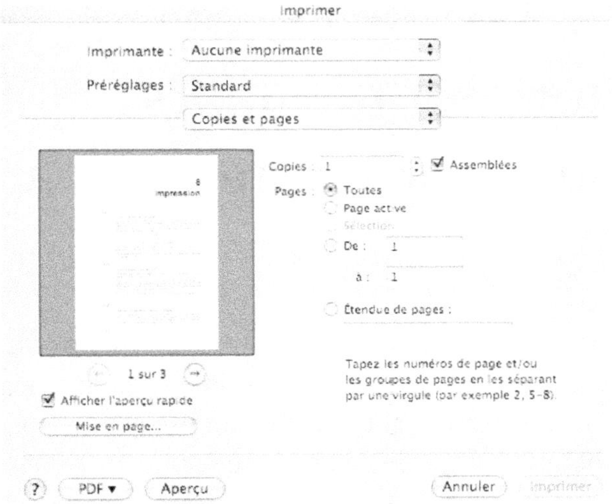

Imprimer un document

À partir de cette nouvelle fenêtre, vous pourrez configurer votre impression :

- *Imprimante* : choisissez dans la liste l'imprimante que vous voulez utiliser.

- *Préréglages* : par défaut, les réglages sont standards, mais vous pouvez choisir d'enregistrer vos paramètres dans un type de réglage particulier. Pour cela, cliquez sur *Enregistrer sous...* et définissez un nom pour votre réglage.

- *Copies et pages* : ce menu déroulant vous donne accès à tous les paramètres d'impression que vous pourriez utiliser (papier, couleurs, mise en page, page de garde, programmer l'heure d'impression...).

Suivant l'intitulé que vous choisissez dans le menu déroulant, plusieurs options s'offrent à vous. Par exemple, à partir du menu *Copies et pages*, vous pouvez définir le nombre de copies du document à imprimer, les numéros des pages, etc. Expérimentez pour découvrir toutes les options.

Cliquez enfin sur *Imprimer* pour imprimer votre document.

147 Comment imprimer depuis le bureau directement ?

Si vous souhaitez imprimer un document sans l'ouvrir, sélectionnez le document. Puis, tout en maintenant la touche *Ctrl* enfoncée, cliquez sur le fichier et choisissez *Imprimer*. Le fichier sera alors automatiquement transféré vers l'imprimante par défaut.

148 Comment imprimer plusieurs documents de nature différente à la suite ?

Pour imprimer plusieurs documents à la suite sans avoir à ouvrir à chaque fois l'application concernée (par exemple, ouvrir *Aperçu* pour imprimer des images, puis *Pages* pour imprimer un document texte peut s'avérer contraignant à la longue...), vous devez rechercher l'utilitaire d'impression de votre imprimante dans le dossier *Bibliothèque/Printers*.

Une fois que vous l'aurez situé, ouvrez-le. Vous n'avez ensuite plus qu'à glisser-déposer l'ensemble de vos fichiers à imprimer dans la fenêtre de l'utilitaire. Chaque document sera ouvert avec son application associée, et sera automatiquement ajouté à la file d'impression.

149 Comment envoyer un fax ?

Sous Mac OS X, si vous disposez d'un modem relié au réseau téléphonique, vous pouvez envoyer un fax à partir de n'importe quelle application.

Pour faxer un document texte, par exemple, procédez exactement comme si vous souhaitiez imprimer ce document (voir question 146). Déroulez le menu *PDF* en bas de la fenêtre d'impression et choisissez l'option *Faxer le document PDF*.

La fenêtre qui s'ouvre alors vous permet de configurer l'envoi du fax : vous y retrouverez les mêmes options que celles disponibles pour l'impression : gestion des couleurs, de la mise en page, de la page de garde, programmer l'heure d'envoi...

Figure 8-3

Envoyer un fax depuis l'écran d'impression

Vous devez ensuite sélectionner :

- Un destinataire : en cliquant sur l'icône représentant un buste, vous aurez directement accès à vos contacts du Carnet d'adresses disposant d'un numéro de fax. Vous pouvez également entrer vous-même le numéro.

- Un préfixe de numérctation : si vous devez composer un numéro afin d'accéder à une ligne extérieure, entrez-le ici.

- Un modem : précisez le modem que vous souhaitez utiliser pour l'envoi du fax.

- Une page de garde du fax : comme nous l'avons précisé plus haut, déroulez ce menu pour naviguer parmi les différentes options du fax.

L'*Aperçu* vous montre à quoi ressemblera votre document une fois mis en page pour le fax.

Cliquez enfin sur *Faxer* pour envoyer votre fax. Ceci ne sera fait qu'une fois que le modem sera disponible : ainsi, si vous utilisez un accès modem pour vous connecter à Internet, le document ne sera envoyé qu'une fois que vous vous serez déconnecté et que la ligne sera libre.

150 Comment affiner la configuration du fax ?

Bien que vous puissiez envoyer un fax directement sans plus de configuration (voir question 149), vous avez néanmoins la possibilité de configurer certains paramètres. Pour cela, rendez-vous dans l'onglet *Fax* du panneau *Imprimantes et fax* des *Préférences Système*.

Figure 8-4

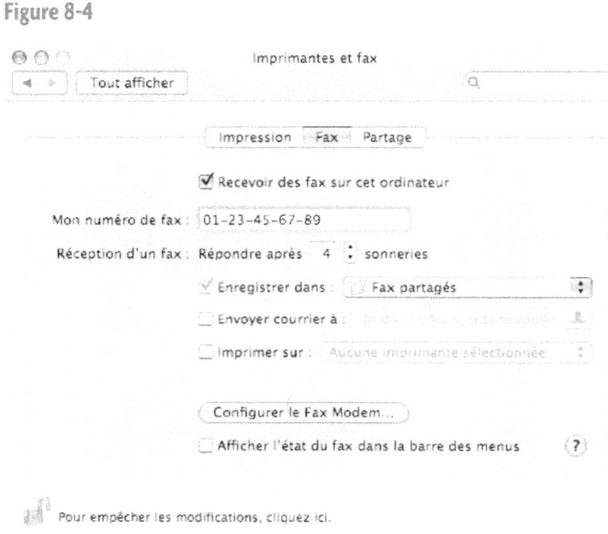

Configurer son fax à partir des Préférences Système

Plusieurs options s'offrent à vous :

- Pour activer la réception des fax, cochez la case correspondante.

- Entrez votre numéro de fax, ce qui permettra à votre destinataire de vous authentifier et de vous répondre.

- Paramétrez la réception des fax : le nombre de sonneries, le dossier où enregistrer les télécopies, l'imprimante avec laquelle imprimer les fax reçus, l'envoi des fax par courrier électronique pour profiter des fonctions de tri des télécopies de l'application Mail...

- En cliquant sur *Configurer le fax modem*, vous aurez accès à la liste de tous les fax disponibles sur votre machine.

- Affichez l'état du fax dans la barre de menus pour y accéder plus rapidement et pour envoyer manuellement vos télécopies.

Notez que pour permettre aux autres utilisateurs de la machine de bénéficier de l'envoi des fax, vous devez cochez la case correspondante dans l'onglet *Partage* des préférences *Imprimantes et fax*.

151 Comment partager son imprimante ?

Vous souhaitez peut-être partager votre imprimante afin que les personnes présentes sur votre réseau local puisse imprimer dessus sans avoir à vous envoyer des fichiers et à vous demander de les imprimer pour eux.

Pour cela, rendez-vous dans le panneau *Partage* des *Préférences Système*. Activez alors dans l'onglet *Services* le partage Windows et le Partage d'imprimantes. Une fois ces deux services démarrés, rendez-vous à présent dans le panneau *Imprimantes et fax* des *Préférences Système* et cliquez sur l'onglet *Partage* (voir figure 8-5).

Figure 8-5

Onglet Partage du panneau Imprimantes et fax

Vérifiez que la première case est bien cochée, et choisissez l'imprimante que vous souhaitez partager. Elle sera alors disponible pour les autres utilisateurs de votre réseau. Pour y accéder depuis un Mac, reportez-vous à la question 152. Pour y accéder depuis un PC, allez dans le menu *Imprimante* et tapez l'adresse de l'imprimante disponible sur le Mac.

152 Comment se connecter à une imprimante réseau ?

Pour vous connecter à une imprimante IP, à une imprimante qui possède un module réseau et une adresse IP, ou à une imprimante disponible sur un autre ordinateur, rendez-vous dans l'onglet *Impression* du panneau *Imprimantes et fax* des *Préférences Système*. Cliquez alors sur le signe *+* comme pour ajouter une nouvelle imprimante. Si l'imprimante est partagée sur un autre ordinateur, cliquez sur *Plus d'imprimantes* (voir figure 8-6)

Figure 8-6

Accéder à une imprimante partagée

Dans le type de partage, sélectionnez *Impression Windows*, et en dessous, *Voisinage réseau*. Sélectionnez ensuite l'ordinateur sur lequel l'imprimante est partagée, puis l'imprimante elle-même, choisissez le modèle de l'imprimante et cliquez sur *Ajouter*.

Si vous souhaitez vous connecter à une imprimante réseau, une imprimante disposant d'une carte réseau, d'une adresse IP propre et parfois d'un module d'administration, après avoir cliqué sur le signe *+*, cliquez sur *Imprimante IP* dans la barre d'outils. Entrez alors l'adresse du module réseau de l'imprimante IP, qui est donnée dans le manuel utilisateur. L'utilitaire fera une vérification de l'adresse IP, et si elle est complète et valide, il cherchera et adaptera automatiquement le pilote de l'imprimante dans le dernier menu déroulant. Il vous suffit alors d'ajouter l'imprimante et elle apparaîtra dans la liste comme n'importe quelle imprimante.

Internet

chapitre 9

Internet est devenu un média de transfert d'informations incontournable. Grâce à Mac OS X, vous avez un accès complet et facile à ce média. De plus, avec Safari, navigateur intégré par Apple à son système, vous pourrez, entre autres, naviguer avec des fonctionnalités spéciales, comme la navigation privée, expliquée dans ce chapitre.

153 Comment configurer sa connexion Internet ?

La configuration de votre connexion Internet débute dans le panneau *Réseau* des *Préférences Système*. Rappelons que les *Préférences Système* sont accessibles soit depuis votre Dock (l'icône en forme d'interrupteur) soit depuis le menu *Pomme* toujours présent en haut à gauche de votre écran.

Pour les « switchers » du monde PC

Tout ce qui touche la configuration de votre machine en général s'effectue au même endroit : les *Préférences Système*, le pendant Mac du *Panneau de configuration* bien connu des utilisateurs de Windows.

C'est sur cette fenêtre du panneau *Réseau* que vous devez entrer les paramètres que vous aura communiqués votre fournisseur d'accès à Internet.

En cas de problème dans cette configuration, vous constaterez un message d'erreur en ouvrant le navigateur Safari. Ce dernier devrait vous proposer un diagnostic réseau pour trouver l'origine de la panne.

Figure 9-1

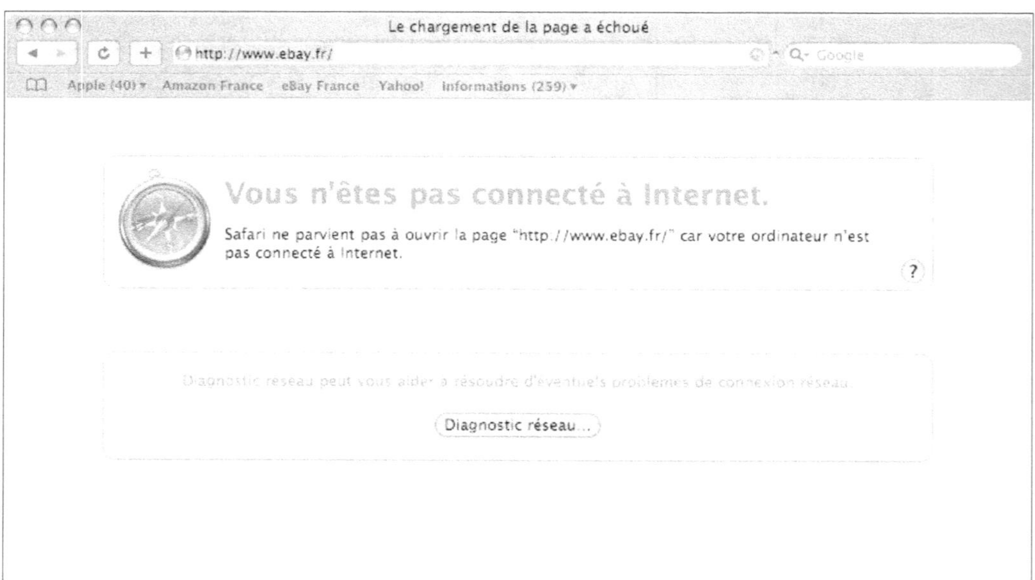

Safari propose un diagnostic réseau

154 Quels logiciels pour surfer sur Internet ?

Mac OS X Tiger – contrairement à ses prédécesseurs – ne propose plus le navigateur Internet Explorer qui n'avait pas été mis à jour depuis plusieurs années. Pour surfer sur le Web, vous êtes donc maintenant invité à utiliser Safari, le navigateur (ou *browser*) web fourni avec Mac OS X et développé directement par les ingénieurs d'Apple.

Par défaut, Safari se trouve dans votre Dock et est représenté par l'icône en forme de boussole.

Safari est aujourd'hui reconnu comme un navigateur rapide et respectant parfaitement les standards du Web ; cependant, certains utilisateurs lui préfèrent un autre grand navigateur : Firefox. développé par Mozilla et qu'on pourra télécharger gratuitement à l'adresse :

```
http://www.getfirefox.com
```

Enfin, pour ceux d'entre vous qui, pour des raisons de compatibilité avec des produits propriétaires Microsoft, souhaitent recourir à Internet Explorer, sachez qu'il est toujours disponible à l'adresse :

```
http://www.microsoft.com/downloads/search.aspx?displaylang=fr&categoryid=5
```

Enfin, en qui concerne tous les autres types d'accès à Internet, ceux qui ne concernent pas le Web, nous vous invitons à parcourir les chapitres *Réseau* et *Messagerie*.

155 Comment changer le navigateur web par défaut ?

Si vous avez choisi d'utiliser un autre navigateur que celui fourni par Apple, par exemple Firefox, vous souhaitez sûrement que lorsque vous cliquez sur un lien dans iChat ou dans un fichier texte, ce ne soit pas Safari qui l'ouvre.

Pour configurer le navigateur par défaut de votre système, rendez-vous dans les *Préférences* de Safari (accessibles depuis le menu *Safari*). La première ligne de la section *Général* est le choix du navigateur par défaut.

Choisissez dans cette liste déroulante le navigateur de votre choix ; les adresses URL de type `http://` seront à présent lancées à partir de votre nouveau navigateur.

156 Comment s'abonner à un flux RSS ?

Qu'est-ce qu'un flux RSS ?

Un flux RSS est en fait une technique de syndication qui se démocratise chaque jour un peu plus, permettant aux sites d'information et aux blogs de partager et de distribuer leurs contenus. Concrètement, avec les fils RSS, l'information vient à vous au fur et à mesure de ses mises à jour sans que vous ayez besoin de consulter le site ou le blog.

Avec Safari 2.0, s'abonner à un fil RSS est similaire à ajouter un site dans les favoris. Lorsque vous vous trouvez sur un site proposant cette fonctionnalité, une icône RSS apparaît dans la barre d'adresses de votre navigateur (figure 9-2).

Figure 9-2

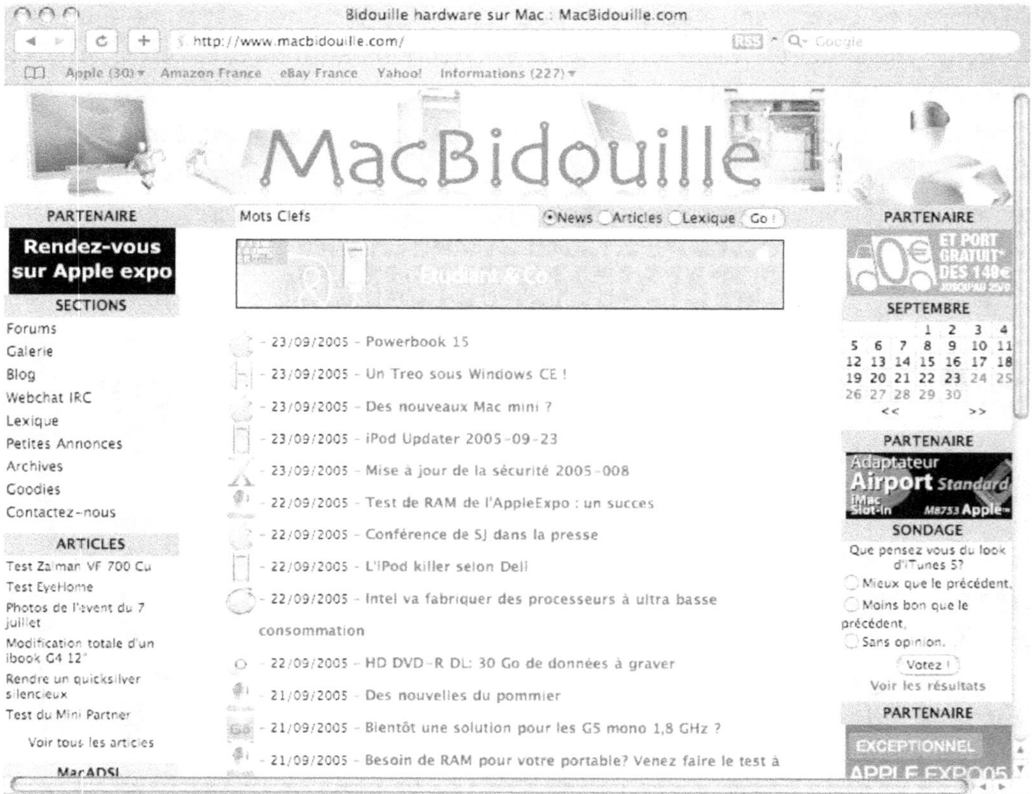

Ce site d'actualité propose un flux RSS.

Figure 9-3

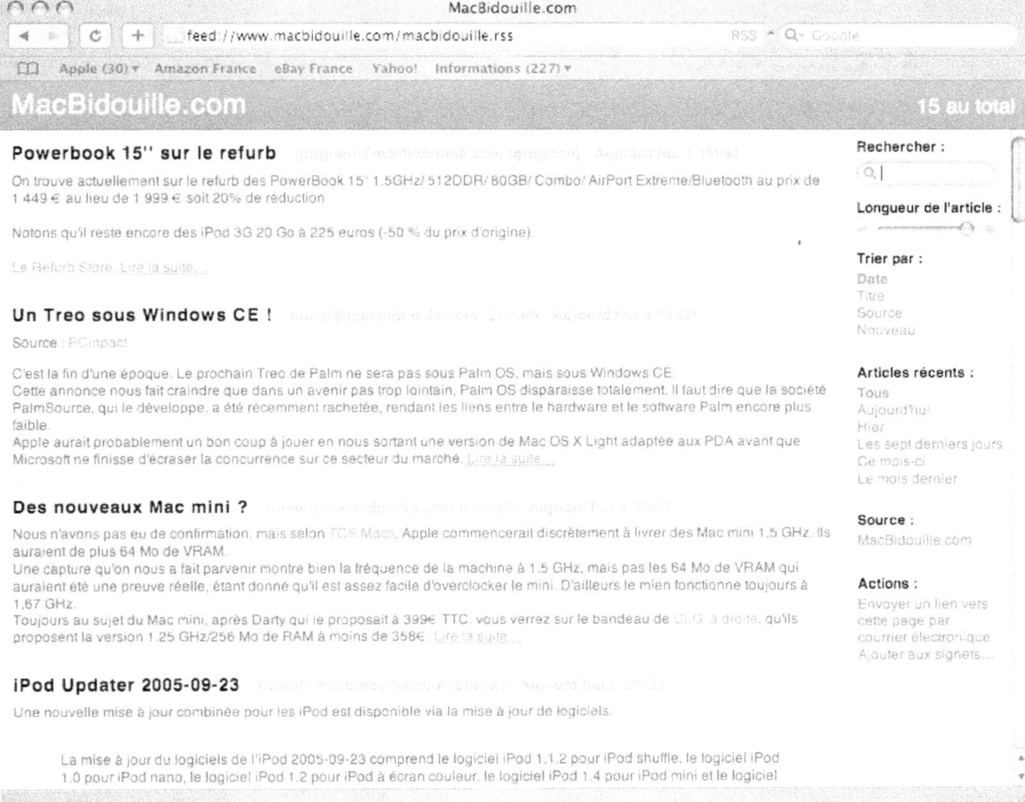

On accède au flux en cliquant sur l'icône RSS.

Une fois que le flux RSS est affiché (figure 9-3), il vous suffit d'ajouter ce dernier à vos favoris en cliquant sur le lien en bas à droite, intitulé *Ajouter aux signets*.

Pour aller plus loin

Le client de messagerie Thunderbird propose également les fonctionnalités de syndication et offre des options plus poussées que la simple consultation des flux RSS telles que les fonctions de recherche.

157 Comment bloquer les pop-ups avec Safari ?

Les pop-ups, aussi appelés « fenêtres surgissantes », sont ces fenêtres de votre navigateur qui s'ouvrent automatiquement lorsque vous naviguez sur le Web. Ils constituent souvent une agression publicitaire, mais heureusement il est possible de les bloquer systématiquement avec Safari.

1. Ouvrez le panneau de *Préférences* depuis la barre de menu de Safari.

Figure 9-4

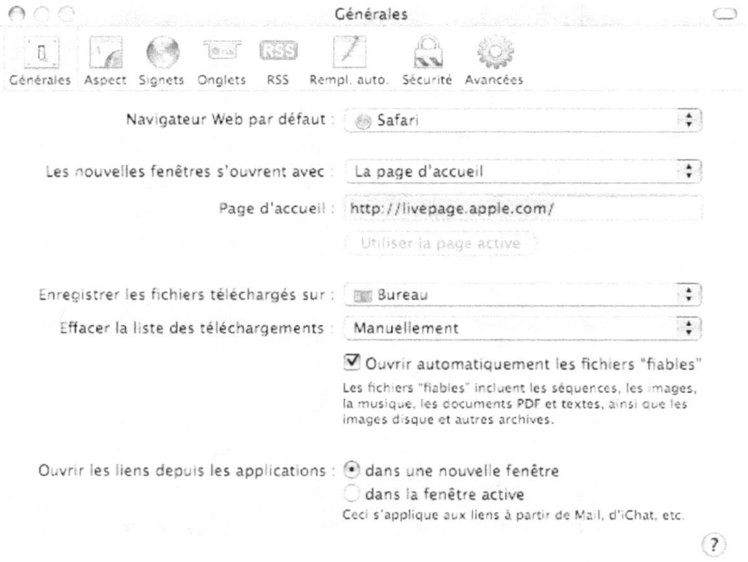

La fenêtre de préférences de Safari

2. Sélectionnez ensuite l'onglet *Sécurité* et cochez la case intitulée *Bloquer les fenêtres surgissantes* (voir figure 9-4).

3. Pour finir, confirmez votre sélection.

158 Comment changer la taille du texte dans Safari ?

Pour ménager votre confort visuel ou simplement lorsque les polices utilisées par un site web sont trop petites, vous pouvez agrandir ou diminuer la taille du texte qui s'affiche dans Safari grâce à un raccourci clavier, et ce quel que soit le site sur lequel vous vous trouvez :

- *Pomme + +* (signe plus) augmente d'un niveau la taille du texte affiché dans votre navigateur.

- *Pomme + -* (signe moins) diminue d'un niveau la taille du texte affiché dans votre navigateur.

Vous pouvez répéter ces opérations jusqu'à obtenir une taille de texte agréable à la lecture.

159 Comment activer/désactiver la navigation privée avec Safari ?

Dans sa dernière version, Safari intègre une nouvelle fonctionnalité : la navigation privée, qui vous permet lorsqu'elle est activée de ne stocker aucune donnée sur votre disque concernant les sites que vous visitez. De plus, votre historique ne tiendra pas compte des sites visités pendant toute la durée d'une navigation privée.

L'activation et la désactivation se font en déroulant le menu *Safari* de la barre de menus et en cochant ou décochant la ligne *: Navigation privée*.

160 Comment ajouter un signet et organiser ses favoris dans Safari ?

Définition

Les favoris, ou signets, sont des raccourcis vers des sites web ou des pages en particulier que vous souhaitez conserver de sorte à y accéder ultérieurement sans avoir à les rechercher à nouveau.

La manière la plus simple d'ajouter à vos signets un site sur lequel vous vous trouvez est de cliquer sur l'icône du site située à l'extrême gauche de la barre d'adresses et de la glisser-déposer où vous le souhaitez dans la barre de signets située juste en dessous. Vous constaterez que le lien s'ajoute automatiquement.

Si vous souhaitez modifier l'organisation de cette barre, sachez qu'il existe un gestionnaire de signets plus complet auquel il est possible d'accéder depuis l'option *Afficher tous les signets* depuis le menu *Signets* de la barre de menus de *Safari* (voir figure 9-5).

Figure 9-5

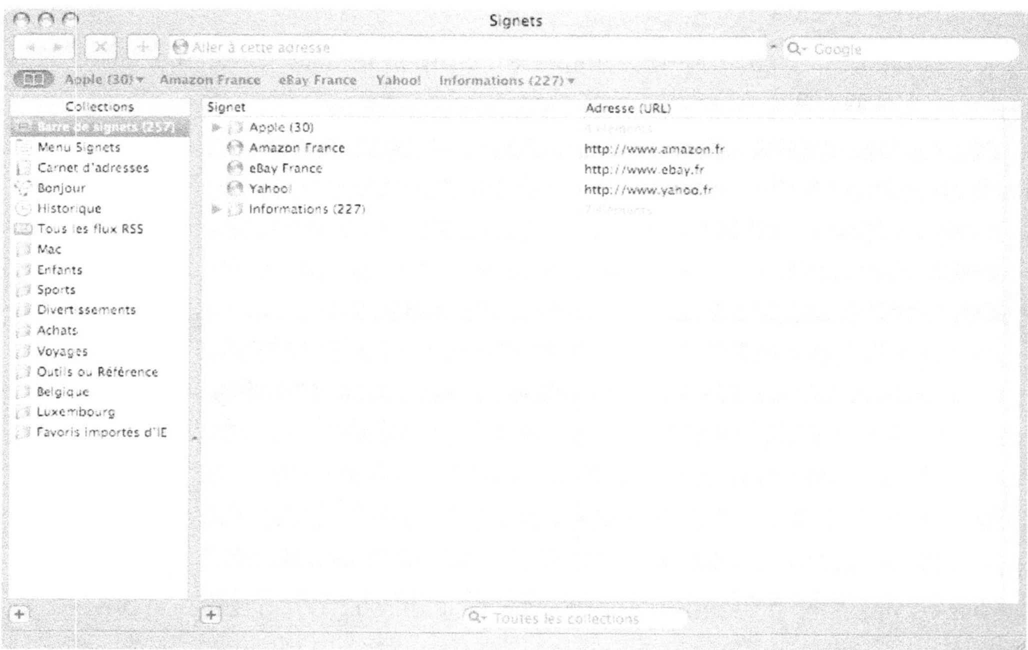

Gestionnaire de signets

Dans ce gestionnaire, vous pouvez organiser l'ordre de vos signets, et également les organiser en dossiers, en cliquant sur le *+* en bas de l'écran, vous pouvez créer et déplacer par exemple un dossier dans la barre de gauche, qui contient la liste de vos signets. La catégorie nommée *Barre personnelle* est celle située entre votre barre d'adresses et la page web en elle-même. La catégorie *Menu Signets* concerne le menu *Signets* de la barre de menus.

161 Comment afficher la fenêtre des téléchargements de Safari ?

La fenêtre des téléchargements de Safari liste les téléchargements en cours ainsi que ceux qui se sont déjà déroulés à titre d'historique. Si elle ne s'ouvre pas automatiquement lors d'une demande de téléchargement, il est possible d'y accéder en déroulant le menu *Fenêtres* de la barre de menus de Safari et en sélectionnant *Téléchargements* (voir figure 9-6).

Figure 9-6

Fenêtre de téléchargements

Il existe également un raccourci clavier permettant son ouverture : *Pomme + Option + L.* La combinaison *Pomme + W* la referme.

162 Comment télécharger un fichier avec Safari ?

Lorsque vous entrez dans la barre d'adresses de Safari un chemin vers un fichier dont le type n'est pas reconnu par le navigateur, il sera automatiquement téléchargé sur votre Bureau.

Vous pourrez d'ailleurs le constater en ouvrant la fenêtre de *Téléchargements* (voir question 161).

Si le fichier est un type connu de Safari, il ouvrira lui même le fichier à l'intérieur de la fenêtre.

Il est également possible de demander à forcer le téléchargement d'un fichier dont le lien est affiché sur une page web en cliquant droit sur ce lien (*Ctrl + Clic* si vous ne disposez pas de souris à deux boutons). Un menu déroulant apparaît alors, vous proposant de *Télécharger le fichier lié*.

Il est possible d'utiliser la même technique sur une image quelconque affichée sur un site web. Les fichiers ainsi téléchargés viennent automatiquement se placer sur votre Bureau.

163 Comment afficher le code source d'une page web avec Safari ?

Pour accéder au code source HTML d'une page affichée dans votre navigateur, il suffit de dérouler le menu *Présentation* de Safari et de cliquer sur *Code source* ; ce dernier apparaîtra dans une nouvelle fenêtre (voir figure 9-7)

Figure 9-7

```
                    Code source de http://www.apple.com/startpage/
<!DOCTYPE HTML PUBLIC "-//W3C//DTD HTML 4.01 Transitional//EN" "http://www.w3.org/
TR/html4/loose.dtd">
<html>
<head>
<title>Apple - Start</title>
<meta http-equiv="content-type" content="text/html;charset=UTF-8">
<meta http-equiv="PICS-Label" content='(PICS-1.1 &quot;http://www.rsac.org/
ratingsv01.html&quot; l gen true comment &quot;RSACi North America Server&quot; for
&quot;http://www.apple.com&quot; on &quot;1999.12.29T20:06-0800&quot; r (n 0 s 0 v
0 l 0))'>
<meta name="Date.Modified" content="19992109">
<link rel="home" href="http://www.apple.com/">
<link rel='find' href="http://www.apple.com/find/">
<link rel="alternate" type="application/rss+xml" title="RSS" href="http://
www.apple.com/main/rss/hotnews/hotnews.rss">
<link rel="alternate" type="application/rss+xml" title="RSS" href="http://
www.apple.com/main/rss/hotnews/pr.rss">
<link rel="stylesheet" type="text/css" href="http://www.apple.com/main/css/
global.css" media="all">
<style type="text/css" media="all">
#banner {margin: 5px 0 19px;}

#main {width: 770px; font-family: 'Lucida Grande', Geneva, Verdana, Arial, sans-
serif;}
#main h2 {background: #AEBDCC; padding: 4px; margin: 1em 0 .5em 0; font-size:
10px;}
#main h2.first {margin: 0;}
#main .more {font-size: 10px;}
#header {width: 770px;}

#content {width: 425px; margin-left: 10px;}
```

Code source d'une page web

Il existe également un raccourci clavier affichant le code source de ce qui se trouve à l'écran : *Pomme + Option + U.*

164 Comment afficher la barre d'état de Safari ?

La barre d'état de Safari est située tout en bas de chaque fenêtre de votre navigateur. Elle indique quelles opérations sont en cours, telles que le chargement d'images ou la connexion à un serveur. Elle peut s'avérer très utile également lorsqu'elle affiche l'adresse du lien que vous survolez avec votre pointeur de souris.

Si la barre d'état ne s'affiche pas, c'est qu'elle est désactivée. Pour y remédier, déroulez le menu *Présentation* et décochez la ligne *Masquer la barre d'état.*

165 Comment recharger une page avec Safari ?

Forcer une page à se recharger sur Safari (pour en visualiser les mises jour ou quand le chargement initial est trop long, par exemple) peut s'effectuer de deux manières différentes :

- en déroulant le menu *Présentation* et en cliquant *sur Recharger la page* ;
- en utilisant le raccourci clavier *Pomme + R.*

166 Comment reprendre un téléchargement abandonné ?

Cette opération s'effectue depuis la fenêtre de téléchargements de Safari. Commencez par afficher cette dernière (voir question 161) et vous constaterez que les divers éléments qui ont été téléchargés sont listés.

Sur la droite de chaque ligne correspondant à un téléchargement, vous trouverez une petite flèche tourbillonnante. En appuyant sur cette flèche, vous relancerez un téléchargement abandonné.

167 Comment activer les onglets sous Safari ?

La navigation par onglets est une des fonctionnalités intéressantes de Safari. Elle permet, lorsque vous consultez un moteur de recherche par exemple, de garder la page contenant les résultats en premier plan et d'ouvrir en arrière-plan toutes les pages qui vous paraissent pertinentes. Cela vous épargne donc l'ouverture d'une fenêtre supplémentaire chaque fois que vous cliquez sur un lien ou que vous voulez charger une nouvelle page web.

Le préalable nécessaire à la navigation par onglets est d'activer la fonction. Rendez-vous dans les *Préférences* depuis le menu déroulant Safari et cliquez sur l'onglet *Onglets*, où vous cocherez la case d'activation de cette option.

Certains raccourcis clavier deviennent alors utilisables :

- *Pomme + Clic* sur un lien ouvre la page dans un nouvel onglet.

- *Pomme + Maj + Clic* sur un lien ouvre la page dans un nouvel onglet et le sélectionne.

- *Pomme + T* pour ouvrir une nouvelle page dans un nouvel onglet vierge.

Raccourcis pour ouvrir une nouvelle fenêtre

Pomme + Option + Clic sur un lien l'ouvre dans une nouvelle fenêtre en arrière-plan.

Pomme + Option + Maj + Clic sur un lien l'ouvre dans une nouvelle fenêtre et la sélectionne.

Pomme + N pour ouvrir une nouvelle fenêtre vierge.

Ces raccourcis peuvent varier en fonction des options que vous sélectionnerez dans l'onglet de configuration évoqué ci-dessus, et vous pouvez avoir la liste des raccourcis (non modifiables) dans le panneau.

168 Comment effacer les fichiers temporaires de Safari ?

Les fichiers temporaires sont ceux des sources et des contenus des pages que vous avez déjà visitées. Ils sont stockés sur votre disque dur pour permettre un affichage plus rapide lorsque vous retournerez voir les mêmes pages.

Pour diverses raisons, vous pouvez souhaiter les supprimer : ne serait-ce que pour vous assurer que ce qui s'affiche à votre écran est bien la version actuelle de la page que vous visitez et non pas une version périmée que vous auriez stockée sur votre disque dur, de plus certaines pages que vous n'avez visitées qu'une fois peuvent prendre de la place inutilement sur votre disque.

Cliquez alors sur *Vider le cache* depuis le menu déroulant *Safari*, dans le coin supérieur gauche. Vous n'avez qu'à confirmer et l'ensemble des fichiers temporaires de cache sera supprimé pour votre utilisateur (voir figure 9-8). Supprimer les fichiers temporaires entraîne que les pages web que vous visiterez seront rechargées la fois suivante depuis le site, et non pas depuis votre disque, entraînant un temps de chargement légèrement plus long.

Figure 9-8

À propos de Safari	
Signaler un bogue à Apple…	
Préférences…	⌘,
Bloquer les fenêtres surgissantes	⌘K
Navigation privée	
Réinitialiser Safari…	
Vider le cache…	⌥⌘E
Services	▶
Masquer Safari	⌘H
Masquer les autres	⌥⌘H
Tout afficher	
Quitter Safari	⌘Q

Menu Fichier de Safari

169 Comment lancer une recherche rapide avec Google dans Safari ?

Safari intègre une fenêtre de recherche rapide Google dans le coin supérieur droit de la fenêtre de navigation.

Cette fenêtre est à considérer exactement comme la fenêtre de recherche de Google. Après avoir entré les mots-clés recherchés, une pression sur la touche *Entrée* vous mène directement sur la page de résultats de Google.

170 Comment définir sa page de démarrage ?

La page de démarrage est celle qui se charge automatiquement à chaque lancement de votre navigateur. Pour la définir, commencez par vous rendre à l'adresse qui vous intéresse, puis ouvrez la fenêtre de *Préférences* de Safari depuis le menu déroulant supérieur gauche. Dans le premier onglet, cliquez sur le bouton *Utiliser la page active*.

171 Comment effacer les cookies de Safari ?

Qu'est-ce que les cookies ?

Les cookies sont un ensemble d'informations qui sont stockées sur votre machine et qui vous ont été envoyées par certains sites que vous aurez visités.

À l'aide de ces informations, ces sites sont en mesure de vous identifier, de connaître vos habitudes, votre nom ou vos dernières commandes par exemple. Les supprimer vous oblige à vous ré-authentifier sur les sites où vous aviez choisi la mémorisation du mot de passe, mais entraîne une plus grande sécurité du système, puisque beaucoup de failles passent par la gestion des cookies.

Ouvrez tout d'abord les *Préférences* de Safari depuis le menu déroulant du même nom en haut à gauche et se rendre dans l'onglet *Sécurité*.

Vous trouvez un premier bouton *Afficher les cookies,* qui ouvre une fenêtre vous les présentant en détail. C'est à partir de cette fenêtre que vous choisirez de les supprimer individuellement ou en totalité.

172 Comment accéder à son site web personnel ?

Votre site web personnel (voir question 110) est accessible lorsque vous avez activé le *Partage web personnel* depuis le panneau *Partage* des *Préférences Système*. Son contenu est alors celui qui est situé dans le dossier *Sites* de votre dossier de départ.

Pour y accéder, il est nécessaire de démarrer votre navigateur web et de vous rendre à l'adresse `http://127.0.0.1/~votrenom` où `votrenom` est votre nom d'utilisateur abrégé.

Les autres utilisateurs du réseau peuvent également consulter ce site en remplaçant dans l'exemple ci-dessus `127.0.0.1` par l'adresse IP ou le nom de la machine sur laquelle votre site est stocké (pour définir une IP, voir question 251).

173 Comment vider les mots de passe de vos sites Internet ?

Les mots de passe que vous saisissez dans votre navigateur ont pu – sauf contre-ordre de votre part et comme sur toutes les autres applications – être stockés dans une application appelée Trousseau d'accès (voir question 53).

Si vous souhaitez vider le Trousseau d'accès de ces mots de passe, il est nécessaire de commencer par ouvrir l'application *Trousseau* qui se trouve dans votre dossier */Applications/Utilitaires* accessible dans le Finder depuis le raccourci clavier *Pomme + Maj + U.*

Une fois l'application ouverte, identifiez dans la liste toutes les entrées dont le type est *mot de passe Internet*. Il suffit pour les supprimer de sélectionner parmi ces lignes celles qui ne vous intéressent plus et de presser la touche d'effacement.

174 Comment sauvegarder un site web en format PDF ?

Comme dans la plupart des applications de Mac OS X, il existe une fonction sur Safari pour imprimer le document ouvert, en l'occurrence la page web affichée à l'écran, sans avoir de fichiers annexes contenant les images, etc.

Pour sauvegarder un site web en format PDF, il faut donc procéder comme si vous souhaitiez l'imprimer et ouvrir la fenêtre *Imprimer* depuis le menu *Fichier*. Dans la fenêtre d'impression, vous constaterez un bouton PDF en bas à gauche qui vous offre la possibilité lorsque vous cliquez dessus d'enregistrer la page web affichée au format PDF. Le fichier s'enregistre sur votre bureau.

175 Comment lancer une page web depuis le Dock ?

Si la partie gauche du Dock est réservée aux icônes des applications, la partie de droite l'est quant à elle pour les fenêtres minimisées et les raccourcis vers les documents.

Pour placer un raccourci vers une page web dans votre Dock, ouvrez Safari. Faites un glisser-déposer avec la petite icône qui apparaît à gauche de la barre d'adresses dans la partie droite de votre Dock. Votre raccourci est créé, et devrait être représenté par une icône en forme de ressort siglé d'un @.

176 Comment se connecter à .Mac ?

En disposant d'un compte .Mac, vous avez accès à de nombreux outils Internet qui facilitent l'utilisation de votre Mac dans bien des situations. Grâce à .Mac, vous pouvez notamment disposer d'une adresse électronique pour vous connecter à iChat et d'un espace de stockage en ligne via l'iDisk, accessible depuis un Mac comme depuis un PC, synchroniser les informations de votre système comme votre carnet d'adresses, votre trousseau, vos calendriers, vos signets grâce à iSync, le tout sécurisé par un mot de passe.

Pour disposer d'un compte .Mac, rendez-vous dans *les Préférences Système*, puis ouvrez le panneau *.Mac*. Dans le premier onglet, cliquez sur *En savoir plus*. Sur le site web qui s'affiche, complétez le formulaire d'adhésion.

Sachez que le compte .Mac est gratuit les 60 premiers jours ; pour bénéficier de votre espace disque et des autres fonctionnalités au-delà de cette période, il vous faudra vous abonner, pour un prix de 99 € l'année. Néanmoins, vous conserverez l'accès à votre adresse électronique et vous pourrez continuer à utiliser iChat comme auparavant.

Une fois cette formalité remplie, retournez dans le panneau *.Mac* des *Préférences Système*. Dans le premier onglet, entrez les informations de connexion de votre compte .Mac. Pour apprendre à utiliser les fonctionnalités du service .Mac, rendez-vous aux questions 177 et 178 (gérer votre iDisk) et 179 (utiliser iSync).

Vous pouvez également configurer votre compte .Mac directement à partir du site `http://www.mac.com`.

177 Comment gérer son iDisk ?

Qu'est-ce que l'iDisk ?

L'iDisk est un espace de stockage mis à votre disposition sur Internet via le service payant .Mac (gratuit les 60 premiers jours) et, de ce fait, accessible n'importe où, à n'importe quel moment et depuis un Mac, comme un PC. Vous pouvez y héberger votre site web, partager vos albums photos, sauvegarder vos documents...

Faire une copie locale de votre iDisk

Pour gérer votre iDisk, rendez-vous dans le panneau *.Mac* des *Préférences Système* et ouvrez l'onglet *iDisk*. Cette fenêtre récapitule les différentes informations concernant votre espace disque : l'espace utilisé, celui qui vous reste et la synchronisation, que vous pouvez configurer manuellement ou automatiquement.

Cliquez sur *Démarrer* dans la section *Synchronisation iDisk* : cette action vous permet de créer une copie de votre iDisk sur votre Bureau. Démarrer la synchronisation peut prendre quelques minutes à quelques secondes selon votre matériel.

Transférer ses fichiers

Vous l'aurez compris, vous n'avez qu'à glisser-déposer vos fichiers dans votre iDisk local en respectant le plus possible les dossiers déjà créés : vos vidéos dans le dossier *Movies*, vos images dans le dossier *Pictures*, etc.

Faites attention à bien synchroniser votre iDisk local avec celui sur Internet pour éviter toute mauvaise surprise, en cliquant si besoin est sur le sigle de synchronisation à droite de l'iDisk dans le Finder.

Accéder à vos fichiers

Pour que d'autres personnes puissent accéder à votre espace disque, donnez-leur votre nom d'utilisateur iDisk (celui que vous avez choisi durant la création du compte .Mac), qu'ils entreront dans le menu du Finder *Aller>iDisk>Dossier public d'un autre utilisateur…* Ils auront alors accès à votre dossier *Public,* mais n'y auront par défaut que les droits de lecture.

Pour leur accorder le droit d'écriture ou protéger votre dossier *Public* par mot de passe, rendez-vous dans l'onglet *iDisk* du panneau *.Mac* des *Préférences Système.*

178 Quel est l'intérêt d'iDisk ?

Un iDisk est un espace disque distant auquel vous accédez si vous possédez un compte .Mac. Vous pouvez y stocker jusqu'à 2 Go de données. De plus, vous pouvez glisser certains fichiers dans le dossier *Public* de votre iDisk afin de les partager avec des collègues de travail ou la famille.

Il s'agit non seulement d'un espace de stockage, mais vous avez aussi la possibilité de créer une page web personnalisée.

Pour plus d'informations, rendez-vous aux questions 172 et 176.

179 Comment synchroniser avec iSync ?

Ouvrez les *Préférences Système* et cliquez sur l'icône *.Mac*. Configurez en premier lieu votre *Compte*, en saisissant votre identifiant .Mac ainsi que votre mot de passe.

Une fois cela fait, cliquez sur l'onglet *Synchronisation*. Vous synchroniserez au choix votre calendrier, vos comptes Mail, etc. Vous pouvez opter pour la synchronisation automatique, en spécifiant l'intervalle de temps, ou bien manuelle, en appuyant sur le bouton *Synchroniser*.

En cochant la case *Afficher l'état dans la barre des menus*, vous accédez rapidement à iSync et synchronisez votre Mac.

Vous avez deux types de synchronisation qui sont disponibles :

- *Automatique* : la synchronisation automatique est utile si vous disposez d'un accès Internet pratiquement constant. Dans ce cas en effet, la copie sur votre ordinateur et l'iDisk réel seront synchronisés toutes les heures.

- *Manuelle* : c'est à vous de décider à quel moment effectuer la synchronisation, par exemple après avoir modifié le contenu. Vous n'avez qu'à cliquer sur l'icône de synchronisation (une double flèche circulaire) à droite de l'iDisk dans la barre latérale gauche de votre Finder.

180 Comment accéder à des newsgroups ?

Qu'est-ce qu'un newsgroup ?

Un newsgroup est un ensemble cohérent d'articles et de fichiers à disposition de tout le monde, et auquel chacun est libre de participer. Les newsgroups sont souvent organisés en catégories afin que chacun puisse s'y retrouver. On peut également procéder à des échanges de fichiers divers par des newsgroups (en toute légalité, bien entendu).

Pour accéder à des newsgroups, il vous faudra un petit logiciel, comme Unison (en anglais), disponible à l'adresse :

`http://www.macupdate.com/info.php/id/13984`

Installez-le sur votre ordinateur et lancez-le. Choisissez ensuite *Configure Your Access* (voir figure 9-9)

Configurez alors votre serveur (par exemple news.free.fr) et laissez la validation se faire. Entrez si nécessaire le nom d'utilisateur et son mot de passe de votre newsgroup. Cliquez ensuite sur *Connect*.

Vous pouvez maintenant naviguer au sein de votre newsgroup et récupérer les informations et fichiers qui vous intéressent.

Figure 9-9

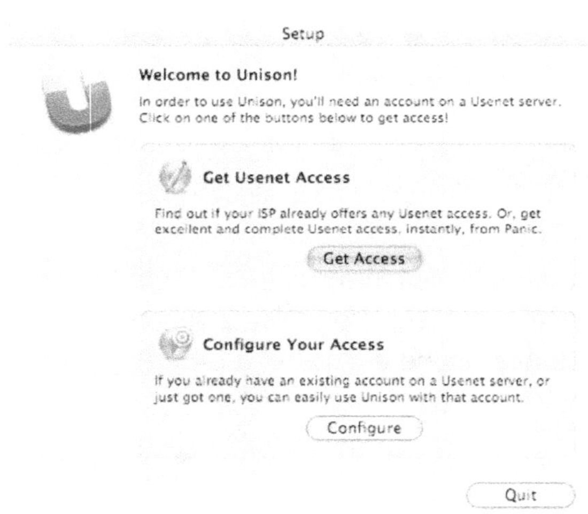

Configurer l'accès à un newsgroup dans Unison

181 Comment partager sa connexion Internet ?

Lorsque vous recevez une connexion à Internet sur votre ordinateur, quelle que soit l'interface par laquelle vous la recevez, Mac OS X vous offre la possibilité de partager celle-ci avec d'autres ordinateurs à proximité.

1. Rendez-vous pour cela dans le panneau *Partage* des *Préférences Système* (accessible depuis le Dock ou le menu *Pomme*).

2. En sélectionnant l'onglet *Internet*, vous pouvez préciser l'interface par laquelle vous recevez Internet et celle que vous souhaitez utiliser pour partager la connexion. Par exemple, vous pouvez très bien recevoir votre connexion par modem et demander à partager la connexion en Wi-Fi, via Airport avec toutes les machines suffisamment proches de la vôtre pour capter le signal.

3. Il suffit de cliquer sur le bouton *Démarrer* pour que tout fonctionne.

Attention

Votre machine va alors distribuer des adresses IP à ses voisines (voir chapitre 12 pour plus d'informations) pour leur permettre d'accéder à votre connexion. La technique utilisée pour effectuer cet adressage s'appelle le DHCP. Sachez qu'il ne peut y avoir qu'un seul serveur DHCP à l'intérieur d'un réseau. Si vous avez un doute à ce sujet ou si vous vous trouvez dans un réseau d'entreprise, mieux vaut contacter votre administrateur réseau avant toute manipulation.

Mail

chapitre 10

Aujourd'hui, le courrier électronique, est un moyen de communication de plus en plus utilisé, que ce soit dans le monde de l'entreprise ou dans un contexte familial. Apple fournit avec son système d'exploitation son client de messagerie : Mail. Ce chapitre se propose de répondre aux principales questions que tout utilisateur de courrier électronique sous Mac OS X est amené à se poser.

182 Comment configurer un compte dans Mail ?

Pour configurer un nouveau compte de messagerie, rendez-vous dans le panneau *Comptes* des *Préférences* de Mail.

Figure 10-1

Préférences comptes de courrier

Cliquez alors sur le *+* situé en bas de la liste des comptes existants. Un assistant se lancera alors, vous invitant à rentrer le type de compte (POP , IMAP, Exchange). Suivez alors le pas à pas de l'assistant en entrant les informations requises. Lorsque c'est terminé, vous serez invité en sortant des *Préférences* à sauvegarder les modifications. Après validation, Mail accèdera aux différents serveurs configurés pour collecter votre courrier, soit à chaque fois que vous le demanderez, soit automatiquement, suivant vos préférences.

183 Comment configurer un compte Hotmail ?

Il est malheureusement impossible de configurer un compte Hotmail dans Mail. Il vous faudra utiliser le logiciel Microsoft Entourage, disponible dans la suite Microsoft Office pour Mac.

1. Si vous disposez de ce logiciel, sélectionnez le menu *Fichier> Paramètres du compte*, puis cliquez sur *Nouveau*.

2. Dans *Type de compte*, choisissez *Hotmail/MSN*.

3. Dans *Nom du compte*, choisissez le nom avec lequel il apparaîtra dans la liste de gauche, entrez ensuite vos informations personnelles, l'adresse e-mail, l'ID du compte et votre mot de passe.

4. Cliquez ensuite sur *Ok*, et votre compte Hotmail apparaît alors dans la liste de gauche, et vous pouvez consulter vos e-mails.

Si vous ne disposez pas d'Entourage, il vous faudra utiliser le webmail de Hotmail à l'adresse `http://www.hotmail.com`.

184 Comment configurer un compte Gmail ?

Gmail, le service de courrier offert par Google est accessible via Mail. Cependant, avant de pouvoir accéder à votre compte Gmail, il faudra d'abord activer le POP sur votre compte directement sur le site de Gmail.

Pour cela, rendez-vous dans votre compte Gmail (`http://www.gmail.com` , puis entrez le nom du compte et le mot de passe), dans le menu Paramètres, situé en haut à droite de votre fenêtre, à côté de votre adresse e-mail.

Rendez-vous dans l'onglet Transfert et POP. Cliquez ensuite sur *Activer le protocole POP pour tous les messages* et enregistrez les modifications.

Figure 10-2

Préférences Gmail

L'étape suivante consiste à configurer votre compte Gmail dans Mail. Vous trouverez toutes les instructions détaillées pour cela sur le site de Gmail une fois que vous serez connecté, quelque soit votre client. Les instructions sont disponibles à l'adresse suivante : `http://mail.google.com/support/bin/answer.py?ctx=%67mail&hl=fr&answer=12103.` Pour ceux qui ont l'habitude de configurer des comptes de messagerie, il faut savoir que les serveurs de réception et d'envoi de Gmail utilisent le protocole SSL et que le port utilisé par le serveur SMTP est le port 587.

185 Comment être prévenu de l'arrivée d'un courrier trop lourd ?

Certains courriers trop lourds peuvent bloquer votre messagerie ou contenir des fichiers non sollicités. Mail propose de vous avertir de l'arrivée d'un e-mail dont la pièce attachée est trop volumineuse. Pour activer cette fonctionnalité, rendez-vous dans l'onglet *Avancé* des préférences du compte concerné.

Une ligne vous invite à ignorer les messages dépassant une certaine taille (que vous fixez) exprimée en Ko. Complétez le champ et enregistrez lorsque vous quittez les préférences. Une fois l'enregistrement pris en compte, la fonctionnalité sera active.

Figure 10-3

Onglet Avancé des préférences Mail

186 Mail filtre-t-il les pourriels (spams) ?

Les spams sont certainement un des fléaux informatiques les plus agaçants. En effet, il est quasiment impossible de s'en protéger. Au mieux pouvez-vous les filtrer à l'arrivée grâce à votre client de messagerie. Pour gérer les spams, rendez-vous dans le panneau *Indésirable* des *Préférences* de Mail. Vous pouvez y définir vos préférences à votre guise. Le réglage par défaut est le mode dit Apprentissage, c'est-à-dire qu'il faut que vous indiquiez à Mail les courriers de type indésirable, et Mail fera les vérifications nécessaires pour trier le courrier à son arrivée. Vous pouvez également configurer Mail en automatique, c'est-à-dire qu'il prendra lui même l'initiative de considérer un mail comme indésirable.

Figure 10-4

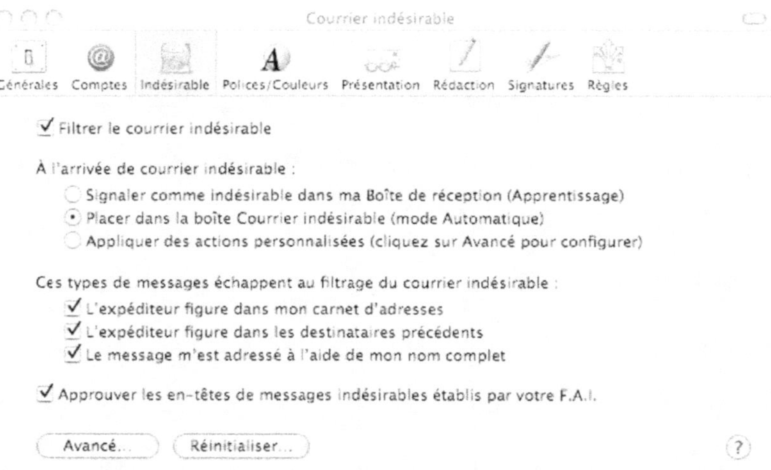

Panneau Indésirable des Préférences Mail

Mesures complémentaires

Faites attention à ne pas trop donner votre adresse e-mail sur le Web.

Lorsque vous vous inscrivez sur un site, vous avez la possibilité de décocher la case proposant de recevoir des offres des sites affiliés.

Vous pouvez également consacrer une adresse e-mail aux newsletters auxquelles vous voulez vous abonner.

187 Comment trier ses e-mails automatiquement (règles) ?

Quand l'on reçoit de très nombreux courriels, pouvoir les trier efficacement est capital surtout dans le cadre professionnel. Mail intègre une fonctionnalité de tri qui est en fait un ensemble de règles. Pour y accéder et configurer vos règles, allez dans le panneau *Règles* des *Préférences* de Mail.

Vous pouvez consulter les règles existantes, les désactiver, et en ajouter de nouvelles. Pour cela, cliquez sur *Ajouter une règle*, configurez les différents critères d'application, par exemple message contenant dans l'objet « Association » et les déplacer dans un dossier nommé « Assoce ». Aoutez-en en cliquant sur le + de la partie haute, et indiquez les différentes actions à effectuer. Une fois votre règle

Figure 10-5

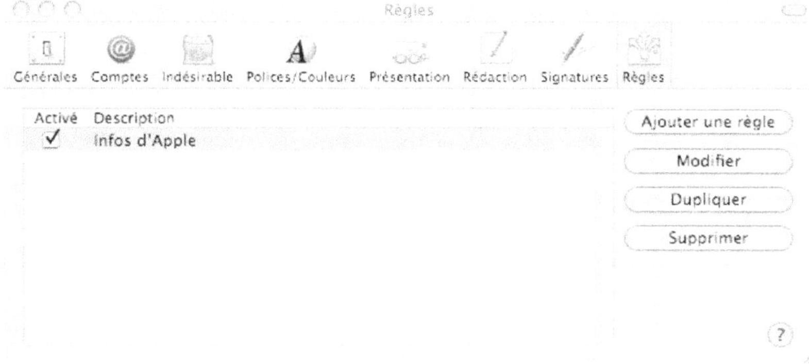

Panneau Règles des Préférences Mail

configurée, cliquez sur *Ok*. Mail vous demande alors si vous souhaitez appliquer le réglage aux courriers déjà présents : validez ou non selon votre choix, votre règle est maintenant appliquée.

188 Comment ajouter une règle de redirection de courrier dans Mail ?

Parfois, certains des courriers que vous recevez doivent être transférés sur une autre de vos boîtes. Il serait très long et fastidieux de les transférer manuellement. Dans ce cas, créez une règle pour les transférer automatiquement, en sélectionnant *Rediriger le message* dans le champ de l'opération à effectuer et en complétant l'adresse électronique dans le champ prévu à cet effet. Pour savoir comment accéder aux règles, reportez-vous à la question 187.

Figure 10-6

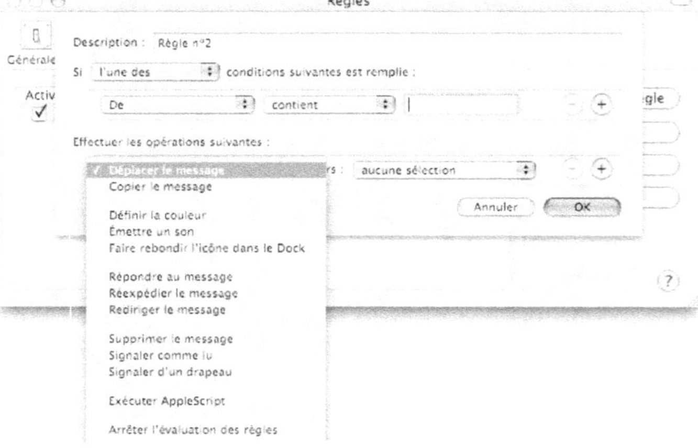

Redirections Mail

189 Comment sauvegarder ses courriels ?

Pour éviter la douloureuse perte de tous vos courriels lors d'un crash du serveur de mails, en cas d'infection virale, etc., il convient de sauvegarder régulièrement le contenu de votre boîte mail. Pour cela, rendez-vous dans le dossier *Mail* de votre dossier */Bibliothèque*. Vous y trouverez un dossier *Mailboxes*.

Figure 10-7

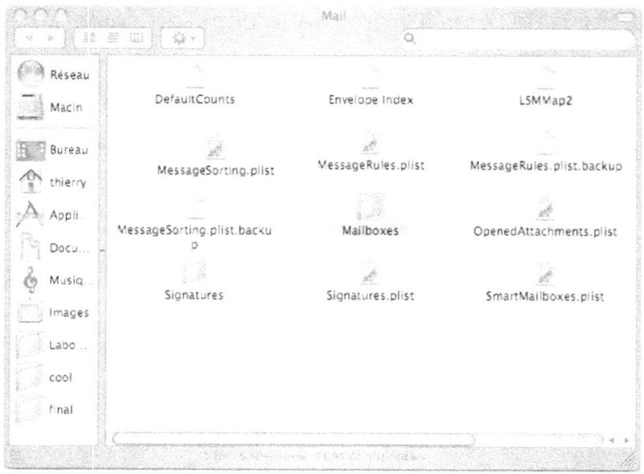

Mailboxes

Ce dossier contient tous vos courriels ; copiez-le en lieu sûr, sur un support optique, sur un serveur de stockage ou tout simplement sur un disque dur externe (voire sur iDisk), et vos courriers seront sauvegardés. Cette manœuvre de sauvegarde est très pratique notamment lors d'une réinstallation système, car il suffit de copier le dossier au même endroit pour récupérer tous vos courriers.

190 Comment activer le contrôle parental dans Mail ?

Pour commencer, activez le contrôle parental de Mail sur le compte Mac OS X de votre enfant (voir question 17). Cliquez sur le bouton *Configurer.*

Vous allez définir ici avec quels contacts votre enfant est autorisé à échanger des courriers. Entrez pour cela les adresses électroniques de ces contacts. Vous pouvez régler l'option *Envoyer des courriers électroniques de permission à :* qui vous permet de recevoir les e-mails de votre enfant pour les valider avant qu'il puisse les lire, et ajouter les adresses des expéditeurs dans les expéditeurs autorisés, et de choisir si oui ou non, votre enfant les lira.

Figure 10-8

Autoriser cet utilisateur à échanger des courriers électroniques avec :

Contact
rwourms@mac.com
jeandupont@mac.com
tantegermaine@mac.com
loulou@mac.com

+ −

☑ Envoyer des courriers électroniques de permission à :

rwourms@mac.com

(Annuler)   (OK)

Contrôle parental de Mail

Indiquez également votre adresse e-mail en bas de cette page de configuration et cochez la case *Envoyer des courriers électroniques de permission à.* Ainsi, si votre enfant reçoit un message d'une personne ne figurant pas dans cette liste, il

sera automatiquement redirigé vers votre boîte de réception et vous pourrez alors soit l'accepter, soit le refuser.

Enfin cliquez sur *Ok* pour valider.

191 Comment envoyer vos photos par courriel ?

L'application iPhoto vous permet d'envoyer des photos. Ouvrez iPhoto, sélectionnez la ou les photos que vous voulez envoyer. Dans la partie en bas de la fenêtre, cliquez sur l'icône en forme de timbre intitulée *Courrier.* Une fenêtre apparaît dans laquelle vous définissez la taille des photos, décidez d'inclure ou non le titre et le commentaire. Vous verrez aussi les renseignements sur le nombre d'images et leur poids total. Cliquez sur *Ok* une fois que vous avez tout configuré.

Figure 10-9

Envoi de photo(s) par courrier électronique

Photo

Taille : Grande (1280x960)

Nombre de photo(s) : 3
Taille approximative : 1.2 Mo

Inclure : ☑ Titres   ☑ Commentaires

Annuler   Rédiger

Option des photos

Votre application de courrier par défaut s'ouvre et crée automatiquement un nouveau message avec toutes les photos que vous avez choisies. Il ne vous reste plus qu'à taper le contenu de votre message, renseigner l'adresse du destinataire et l'objet du courriel avant de l'envoyer.

Taille des photos

Pour un transfert optimal, la taille des photos conseillée en résolution est de 800 × 600, puisqu'elle permet de garder une qualité agréable, tout en réduisant la taille de façon significative. Si jamais vous devez envoyer des photos à quelqu'un qui possède une connexion bas débit, la résolution conseillée est 640 × 480.

192 Comment attacher une pièce jointe (PDF, BMP, etc.) sous forme d'icône ?

Lorsque vous écrivez un courriel, vous pouvez y joindre des fichiers en les glissant directement dans le corps du message, ou en utilisant le raccourci clavier *Shift + Pomme + A*. Les images s'affichent directement dans le message. Si vous préférez les insérer sous forme d'icônes que votre correspondant pourra par la suite ouvrir, faites un clic avancé, ou *Ctrl + Clic*, et cliquez sur *Afficher comme icône*.

193 Comment afficher une image d'en-tête dans les courriers que je reçois ?

Pour personnaliser davantage les courriers électroniques que vous recevez, il est possible d'afficher en haut à droite soit la photo d'identité de l'expéditeur, soit le logo de l'entreprise, soit encore n'importe quelle autre image. Voici comment procéder :

1. Ouvrez le *Carnet d'adresses*.

2. Créez une fiche (si cela n'est pas déjà fait) du correspondant dont vous voulez voir la photo affichée dans les courriers que vous recevez de lui.

3. Glissez-déposez une photo de ce correspondant dans la case prévue à cet effet en haut, juste à gauche du champ *Nom et prénom*.

Bien sûr, si vous avez plusieurs adresses électroniques, il vous est possible de personnaliser chacune d'entre elles avec des photos, images ou logos différents.

Pour désactiver cette fonctionnalité, rendez-vous dans les préférences de Mail, dans l'onglet présentation. Il faut alors supprimer le contenu des en-têtes en cliquant sur le menu déroulant *Afficher le détail des en-têtes*, et sélectionner *Aucun*.

194 Comment choisir entre plusieurs adresses d'expéditeur lorsqu'on rédige un courrier ?

Vous pouvez configurer plusieurs comptes dans Mail, notamment professionnel et personnel, et ne pas avoir envie de donner votre adresse personnelle à vos contacts professionnels. Chaque compte possède ses propres informations d'envoi. Lors de la rédaction du message, au-dessus du corps de texte à gauche, un menu déroulant *Compte* permet de choisir avec quel compte envoyer le courrier.

Figure 10-10

Nouveau message

195 Comment ajouter une signature dans un courrier ?

Allez dans les *Préférences* de Mail. En cliquant sur l'onglet *Signatures*, vous pouvez créer, modifier et supprimer vos signatures. Si vous créez plusieurs signatures, vous pouvez en sélectionner une par défaut pour chaque compte. Vous pouvez aussi éventuellement en changer ponctuellement dans le menu déroulant *Signature* de la fenêtre de rédaction des messages.

Si vous possédez une tablette graphique, la nouvelle fonction *Ink* de Mac OS X Tiger est à votre disposition pour créer une signature manuscrite.

196 Quel format de courriel utiliser ?

Les formats de courriels les plus courants sont le HTML (utilisé dans les newsletters par exemple), le RTF (fichiers RTF sous Windows qui permettent un formatage du texte plus complet) et le texte brut (fichiers texte). Mail ne propose cependant pas ces trois formats : il n'est possible d'envoyer que du texte brut ou du RTF. Pour choisir le format à utiliser, renseignez le premier champ du panneau *Rédaction* des *Préférences* de Mail.

Figure 10-11

Panneau Rédaction des Préférences Mail

Toutefois, l'envoi au format RTF suppose que vos destinataires utilisent un client capable de le traiter. Sinon, quelles que soient vos mises en forme, ils ne les verront pas.

197 Comment changer son client de messagerie par défaut ?

Si vous avez choisi d'utiliser un autre client de messagerie que Mail, il faut configurer l'option de client par défaut. Ainsi, lorsque vous cliquerez sur un lien du type *Envoyer un courriel* sur un site web, votre application se lancera par défaut.

Pour cela, rendez-vous dans les *Préférences* de Mail. Dans la section *Général*, la première option vous permet de choisir votre client par défaut parmi ceux installés sur votre Mac.

Multimédia

chapitre 11

Des tristes écrans sur des ordinateurs où la souris n'existait pas, nous sommes aujourd'hui passés à des stations de travail parfois dignes d'être appelées stations de montage. Sans aller jusque-là, voici de quoi tirer parti des fonctionnalités de votre système en matière de multimédia. Avec QuickTime notamment, logiciel propriétaire Apple, vous pourrez manipuler, visualiser et travailler toutes sortes de flux multimédia facilement : photos, vidéo, audio, etc.

198 Comment paramétrer ma caméra iSight avec mon Mac ?

L'image délivrée par l'iSight est remarquable. La mise au point automatique n'a jamais été prise en défaut, pas plus que la balance des blancs. Certes, l'iSight n'est pas un caméscope numérique, mais le débit qu'offre le FireWire permet d'avoir à l'écran une très bonne résolution, à raison de trente images par seconde.

En ce qui concerne le réglage par défaut de votre iSight, vous pouvez seulement contrôler la mise en marche du micro interne et la quantité de bande passante en réglant la vitesse de transfert utilisée par votre visioconférence. Cette opération peut s'avérer utile si vous voulez partager votre connexion Internet avec une autre application (un navigateur web, par exemple) ou avec d'autres personnes en réseau.

Rendez-vous dans les *Préférences* d'iChat, cliquez sur *Vidéo* et sélectionnez une vitesse dans le menu local *Limite de bande passante* ainsi que le micro de votre système (voir figure 11-1).

Figure 11-1

Préférences vidéo de iChat

Des applications peuvent être installées pour paramétrer votre iSight, comme iGlasses qui lui est un logiciel payant (`http://www.ecamm.com/mac/iglasses/`) et qui prend en charge la vidéo de votre iSight dans les applications suivantes : iMovie HD, QuickTime player pro, BTV pro, SecuritySpy, QuickTime Broadcaster, iCamShare, iSpQ, Yahoo! Messenger, GCam, iVisit, vChat et EvoCam.

Dans iGlasses, vous avez le choix entre plusieurs réglages prédéfinis (voir figure 11-2) mais vous avez également la possibilité d'ajuster à votre guise les différentes options de configuration.

Figure 11-2

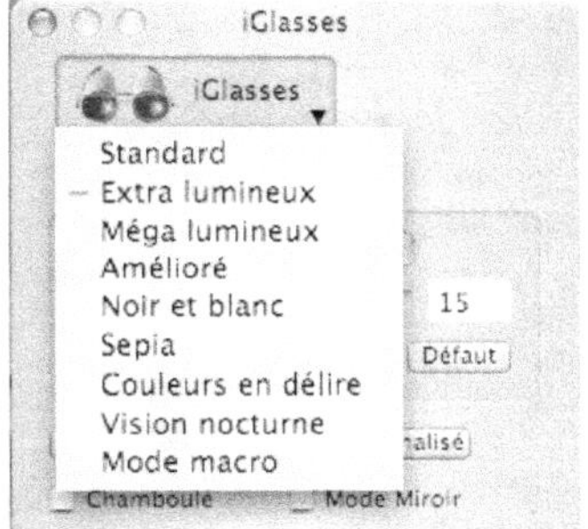

Réglages prédéfinis de iGlasses

Vous pouvez même configurer une vision de nuit ainsi que la rotation de votre image, si votre iSight est par exemple accrochée à l'envers sur son stand magnétique.

199 Comment utiliser ma caméra iSight comme micro ?

L'iSight intégrant un micro, il est aussi possible de se limiter à une conversation audio avec un correspondant, voire de l'utiliser à la place du micro interne de votre ordinateur.

La manipulation est simple : rendez-vous dans les *Préférences Système* puis, dans le panneau *Son*, cliquez sur *Entrée* et choisissez l'iSight comme périphérique pour l'entrée audio (voir figure 11-3). Pour en savoir plus sur les entrées son disponibles, rendez-vous à la question 44.

Figure 11-3

Préférences de Son

200 Comment lire un DVD sur Mac ?

Si vous disposez d'un lecteur DVD sur votre Mac, vous pouvez utiliser l'application DVD Player (Lecteur DVD) d'Apple (voir figure 11-4) pour lire des DVD.

Figure 11-4

DVD Player

À l'insertion de votre DVD, le programme DVD Player se lance automatiquement. Si ce n'est pas le cas, lancez l'application depuis le dossier */Applications* de votre système.

La prise en main de DVD Player reste simple, comme celle de votre magnétoscope ou de votre lecteur DVD de salon. Vous y retrouvez les boutons *Lecture*, *Pause*, *Avance rapide*, *Stop* ainsi que les options spécifiques des lecteurs DVD : menu et sous-titres.

DVD Player propose, via le menu *Vidéo*, plusieurs tailles pour la fenêtre de visualisation, au choix : *Plein écran*, *Taille 50 %*, *Taille normale* ainsi que l'ajustement audio grâce à son égaliseur qui comprend 10 curseurs individuels, et quatre préréglages selon le type de film (voir figure 11-6). Une fois en mode plein écran, vous pouvez revenir en mode normal toujours via le menu *Vidéo* (il suffit d'approcher la souris du haut de l'écran), ou en utilisant le raccourci clavier Pomme + Shift + à.

Figure 11-5

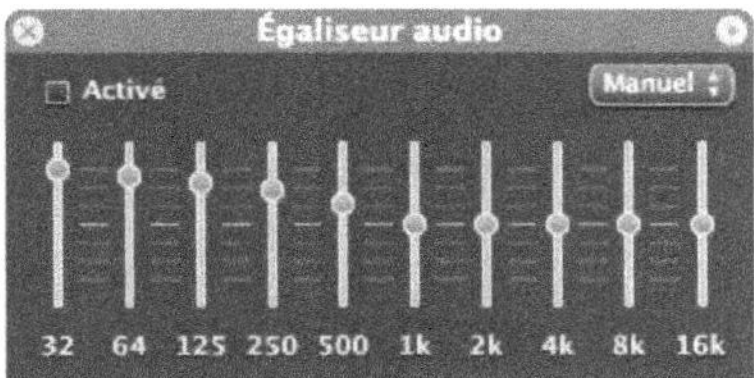

Égaliseur

201 Comment lire une vidéo sur un téléviseur ?

La manipulation est aussi simple que de brancher un lecteur de DVD sur votre téléviseur, hormis qu'il vous faudra procéder à une reconnaissance du téléviseur sur le Mac.

Commencez par brancher votre Mac sur le téléviseur grâce à un câble vidéo de type DVI, VGA, S-Video, ou encore Composite. Le DVI restitue une très bonne qualité de vidéo si votre téléviseur (ou projecteur) en est équipé.

Pour que votre Mac reconnaisse votre téléviseur, rendez-vous dans les *Préférences système*, puis dans le panneau *Moniteurs* et enfin cliquez sur *Détecter les moniteurs* (voir figure 11-7). Pour plus de précisions, rendez-vous question 28. La résolution habituelle des téléviseurs est le 800 × 600, mais certains acceptent le 1024 × 768.

Figure 11-6

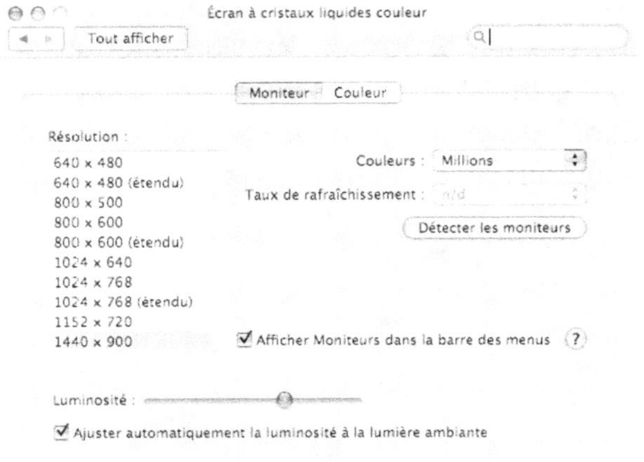

Préférences Moniteur

Vous pouvez désormais choisir entre deux modes d'affichage du téléviseur :

- Le mode de déport d'écran consiste à étendre votre bureau sur le téléviseur. Pour afficher votre film sur le téléviseur, faites glisser la fenêtre de lecture vers le téléviseur puis passez en plein écran. Pour en apprendre plus sur le déport d'écran, rendez-vous question 28.

- Le mode recopie d'écran consiste à faire une copie exacte de l'écran principal de votre Mac (voir figure 11-7).

Figure 11-7

Réglage de recopie d'écran

202 Comment lire un DivX ?

Le DivX est un format qui restitue une vidéo d'excellente qualité avec une taille environ 10 fois moins importante que dans le cas d'un DVD.

Les DivX sont des séquences vidéo comportant l'extension `.avi` mais pour les lire sur votre ordinateur, vous cevez installer un codec (Compression-Decompression) DivX qui n'est pas présent par défaut sous Mac OS X.

Pour remédier à cela, nous vous proposons deux méthodes, mais il en existe d'autres :

Installation du codec pour le lecteur QuickTime

Cette solution est gratuite et fonctionne parfaitement avec un bon nombre de fichiers `.avi`. Elle consiste à implanter le codec DivX pour QuickTime et à utiliser une petite application qui va légèrement transformer votre fichier DivX d'origine pour le rendre compatible avec votre lecteur QuickTime. Ce codec est à télécharger sur le site de DivX^{tm} Vidéo for Mac OS X à l'adresse :

`http://www.divx.com/divx/mac/`

Une fois le fichier téléchargé sur votre disque dur, lancez l'installation et suivez les indications qui s'affichent à l'écran.

Méthodes logicielles

Vous pouvez également utiliser un logiciel multi-format comme VideoLAN (VLC), qui est une solution gratuite téléchargeable à l'adresse :

`http://www.videolan.org/vlc/`

Une fois VLC téléchargé, placez son fichier dans le dossier *Applications* sur votre disque dur (voir question 1). Vous pouvez maintenant ouvrir votre fichier `.avi` grâce à VLC. Vous avez également la possibilité de modifier l'application par défaut pour ouvrir votre fichier, reportez-vous à la question 11.

203 Quels logiciels pour scanner avec un Mac ?

Vous avez sûrement pu constater que l'utilisation des scanners sous Mac OS X reste encore une opération parfois bien délicate. De nombreux constructeurs n'ont en effet pas encore porté les pilotes de leurs modèles sous Mac OS X et il semble même que pour certains modèles, il n'existera sans doute jamais de pilotes pour ce système.

La première chose à prévoir – pour éviter tout désagrément de ce type – est bien sûr de vérifier, avant de l'acheter, que le scanner est bien compatible Mac OS X. Si c'est le cas, vous n'avez plus qu'à vous reporter au manuel du constructeur de votre scanner.

Pour les autres, rassurez-vous, tout n'est pas perdu ! Il existe des outils qui peuvent être utiles si aucun pilote n'était prévu pour votre scanner.

Dans le meilleur des cas, reliez votre scanner à l'ordinateur, lancez *Transferts d'images* qui se trouve dans le dossier */Applications* et une option vous permettra de numériser un fichier avec votre scanner.

Vuescan

Il s'agit d'une application payante qui gère un bon nombre de scanners et que vous trouverez en téléchargement à l'adresse suivante :

`http://www.hamrick.com/`

Des mises à jour sont fréquentes sur le site : visitez-le régulièrement, afin de télécharger ces nouvelles versions.

Une fois Vuescan placé dans le dossier */Applications* de votre disque, lancez-le. Il configure le scanner à votre place et le tour est joué : vous pouvez faire une prévisualisation de votre page et la numériser directement. Vuescan propose de nombreuses options.

Dans l'onglet *Input* :

- *Task* : sauvegardez votre numérisation dans un fichier ou imprimez-la directement.

- *Source* : choisissez votre scanner ou un fichier source.

- *Quality* : précisez si le résultat de votre numérisation est destiné à un courriel, une page web ou à l'impression.

- *Media* : indiquez le type de document que vous allez numériser : photo couleur, photo en noir et blanc, page de texte, magazine, journal.

- *Media Size* : taille du support.

- *Bits per pixel* : nombre de bits par pixel.

- *Preview Resolution* : résolution de prévisualisation.

- *Scan Resolution* : résolution de la numérisation.

- *Rotation* : rotation de l'image.

Dans les autres onglets, vous pourrez paramétrer les caractéristiques du fichier obtenu après numérisation, les filtres, la couleur, etc.

Dans l'onget *Output*, vous choisissez le type de fichier à créer : `.tiff` ou `.jpeg`. Le format par défaut est `.jpeg`, qui est parfait pour une utilisation simple des fichiers numérisés.

La colonne de droite affiche à l'écran le résultat de la prévisualisation, de la numérisation définitive, et de l'historique de ces deux dernières opérations.

Les boutons situés en bas lancent la prévisualisation (*Preview*), la numérisation (*Scan*), le zoom dans l'image (*Zoom In* et *Zoom Out*) et la rotation (*Rotate L* ou *Rotate R*).

Tout en bas de la fenêtre de VueScan s'affichent les caractéristiques de votre numérisation : taille en pixels, résolution en dpi et poids de l'image créée. Si ces caractéristiques ne vous conviennent pas, modifiez le paramétrage dans *Input*.

Figure 11-8

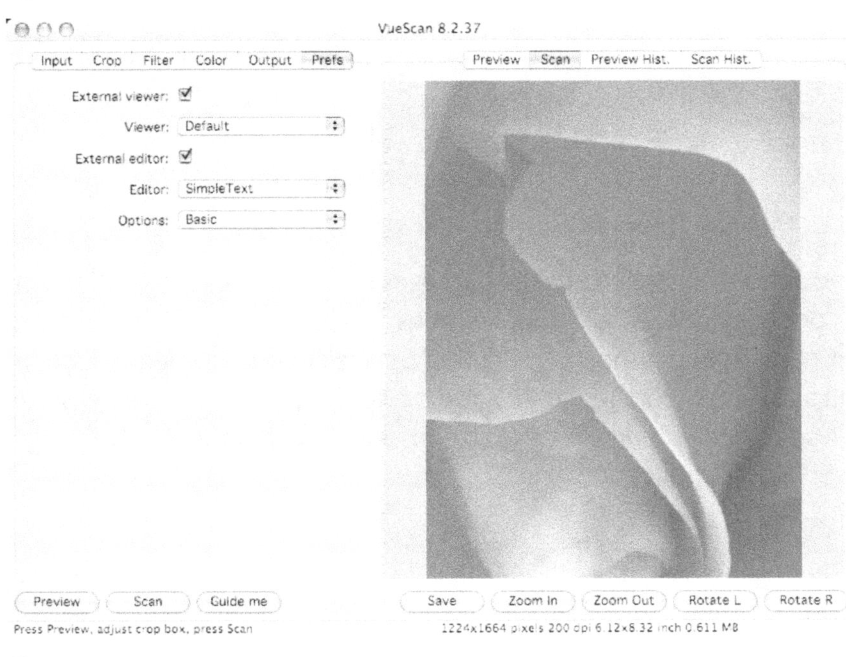

Vuescan

Fichiers image

Les types de fichiers TIFF, JPEG, GIF, etc. sont en fait différents type de compressions d'images, certains étant plus dédiés à la retouche d'image (fichiers Photoshop .psd par exemple), d'autres étant plus concernés par le transport et l'envoi sur Internet, comme les JPEG, GIF et d'autres comme le TIFF sont plutôt consacrés à l'impression.

Les fichiers TIFF sont les moins compressés, et donc prennent plus de place sur le disque que les JPEG, dédiés à l'envoi.

SANE

Cette solution est un peu plus complexe, mais vous assure une comptabilité optimale de votre scanner. Le projet Sane est un logiciel libre. La liste des scanners pris en charge par cette application est disponible à l'adresse suivante :

`http://www.sane-project.org/`

SANE, qui signifie *Scanner Access Now Easy* (accès facile à la numérisation), est une interface de numérisation universelle.

Bien que cela paraisse alléchant à première vue, l'installation est juste un peu plus originale qu'une installation habituelle. En effet, tout se complique lorsque vous devez télécharger les paquets `Twain SANE Interface`, `SANE backends`, `libusb` et `gettext` sur le même site.

Une fois ces paquets téléchargés, vous devrez les installer dans l'ordre suivant, simplement en double cliquant sur chacun des paquets :

- `Libusb` ;

- `SANE backends` ;

- `Gettext` ;

- et enfin `Twain SANE Interface`.

Une fois que vous aurez installé tous les packages dans l'ordre, l'installation est terminée. Vous pourrez utiliser des applications d'acquisition qui appliquent l'interface Twain comme Photoshop ou Graphic Converter, via le menu *Acquisition* de ces applications, ou alors le menu *Toolbox* de Gimp. Sélectionnez ensuite le scanner d'où vous souhaitez importer votre image, et cliquez sur *OK*, l'image sera numérisée vers votre application.

204 Comment brancher son instrument de musique sur Mac ?

Pour brancher directement un instrument électrique ou électronique (guitare, basse, synthétiseur), l'enregistrer ou l'accorder, votre Mac doit être équipé d'une entrée audio. Cette entrée est disponible pour toute la gamme exceptés les iBook et Mac mini. En général, le câble audio se branche sur l'entrée audio des Mac via un adaptateur Jack/mini-Jack.

Afin de bénéficier d'un son de qualité équivalente à celle que vous auriez avec un ampli traditionnel, vous devrez avoir recours à des plug-ins spécialisés comme Amplitube de IK Multimedia ou Guitar Rig de Native Instruments. Si vous ne disposez pas de tels logiciels, vous pouvez tout à fait tirer parti de GarageBand et de ses presets d'effets. Rendez-vous dans l'utilitaire *Configuration audio et MIDI* qui se situe dans le dossier */Applications/Utilitaires* de votre disque dur pour paramétrer au mieux l'enregistrement de votre instrument en surveillant le niveau d'entrée de manière à ce que le son ne sature pas.

iBook et Mac mini

Les iBooks et Mac mini sont dépourvus d'entrée audio, mais cela ne les handicapent pas pour l'enregistrement numérique. De nombreuses interfaces audio USB ou FireWire pallient largement ce manque.

Si vous souhaitez réaliser des enregistrements de qualité professionnelle, l'adjonction d'une interface audio/MIDI devient incontournable. Ces interfaces possèdent des préamplis adéquats pour les instruments à haute impédance comme les guitares, basses électriques et même l'enregistrement de la voix ; par ailleurs, elles soulagent le processeur du Mac pour les effets et instruments virtuels en temps réel. Les références en la matière sont la FireWire 410 de M-Audio, la Firebox de Presonus ou la M-Box 2 de Digidesign.

205 Comment lire un fichier de musique ?

« iTunes, le meilleur juke-box numérique au monde ». C'est ainsi qu'Apple qualifie son logiciel de lecture audio MP3/AAC. En plus d'être gratuit, il reste un modèle en matière de logiciel de musique, grâce à ses multiples fonctions qui évoluent de jour en jour, sans parler de la grande facilité à le mettre en œuvre.

Avec iTunes, vous êtes en possession d'un outil performant pour importer/exporter, classer, convertir, écouter tous vos fichiers de musique MP4 (ACC), MP3 ou AIFF, graver des CD audio ou MP3, etc.

Il vous suffit de double-cliquer sur le nom du morceau et iTunes lance automatiquement la lecture (voir figure 11-9).

Figure 11-9

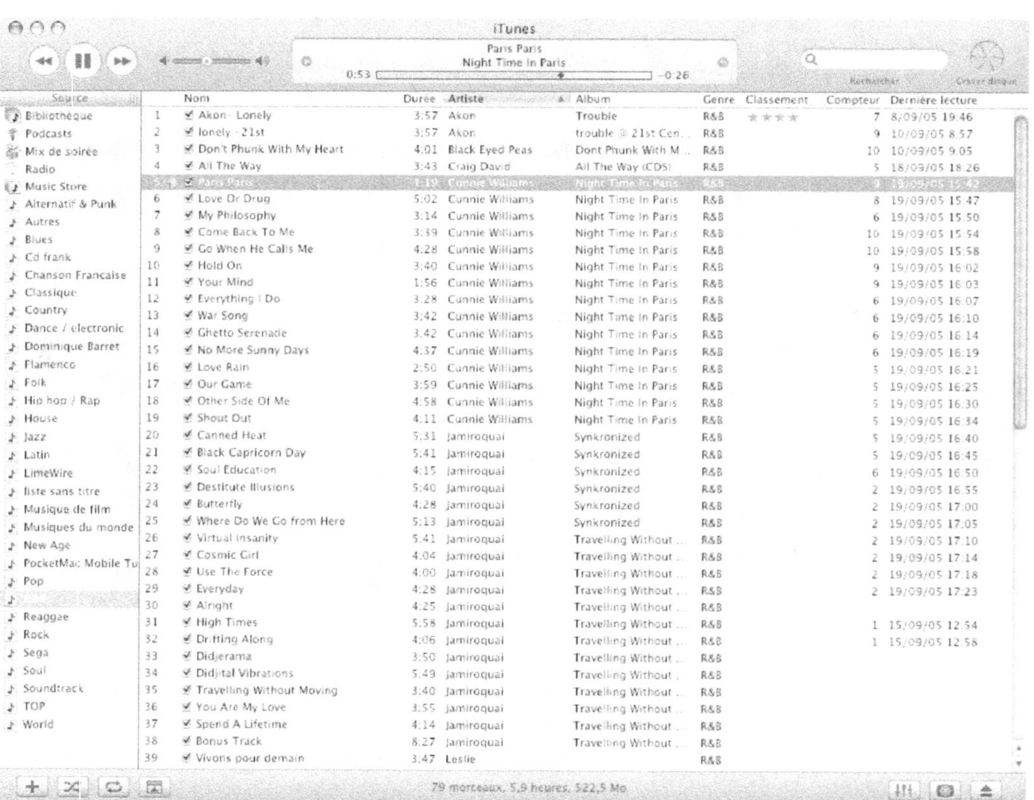

	Nom	Durée	Artiste	Album	Genre	Classement	Compteur	Dernière lecture
1	Akon - Lonely	3:57	Akon	Trouble	R&B	★★★★	7	8/09/05 19:46
2	lonely - 21st	3:57	Akon	trouble @ 21st Cen...	R&B		9	10/09/05 8:57
3	Don't Phunk With My Heart	4:01	Black Eyed Peas	Dont Phunk With M...	R&B		10	10/09/05 9:05
4	All The Way	3:43	Craig David	All The Way (CDS)	R&B		5	18/09/05 18:26
5	Paris Paris	1:19	Cunnie Williams	Night Time In Paris	R&B		9	19/09/05 15:42
6	Love Or Drug	5:02	Cunnie Williams	Night Time In Paris	R&B		8	19/09/05 15:47
7	My Philosophy	3:14	Cunnie Williams	Night Time In Paris	R&B		6	19/09/05 15:50
8	Come Back To Me	3:39	Cunnie Williams	Night Time In Paris	R&B		10	19/09/05 15:54
9	Go When He Calls Me	4:28	Cunnie Williams	Night Time In Paris	R&B		10	19/09/05 15:58
10	Hold On	3:40	Cunnie Williams	Night Time In Paris	R&B		9	19/09/05 16:02
11	Your Mind	1:56	Cunnie Williams	Night Time In Paris	R&B		9	19/09/05 16:03
12	Everything I Do	3:28	Cunnie Williams	Night Time In Paris	R&B		6	19/09/05 16:07
13	War Song	3:42	Cunnie Williams	Night Time In Paris	R&B		6	19/09/05 16:10
14	Ghetto Serenade	3:42	Cunnie Williams	Night Time In Paris	R&B		6	19/09/05 16:14
15	No More Sunny Days	4:37	Cunnie Williams	Night Time In Paris	R&B		6	19/09/05 16:19
16	Love Rain	2:50	Cunnie Williams	Night Time In Paris	R&B		5	19/09/05 16:21
17	Our Game	3:59	Cunnie Williams	Night Time In Paris	R&B		5	19/09/05 16:25
18	Other Side Of Me	4:58	Cunnie Williams	Night Time In Paris	R&B		5	19/09/05 16:30
19	Shout Out	4:11	Cunnie Williams	Night Time In Paris	R&B		5	19/09/05 16:34
20	Canned Heat	5:31	Jamiroquai	Synkronized	R&B		5	19/09/05 16:40
21	Black Capricorn Day	5:41	Jamiroquai	Synkronized	R&B		5	19/09/05 16:45
22	Soul Education	4:15	Jamiroquai	Synkronized	R&B		6	19/09/05 16:50
23	Destitute Illusions	5:40	Jamiroquai	Synkronized	R&B		2	19/09/05 16:55
24	Butterfly	4:28	Jamiroquai	Synkronized	R&B		2	19/09/05 17:00
25	Where Do We Go from Here	5:13	Jamiroquai	Synkronized	R&B		2	19/09/05 17:05
26	Virtual Insanity	5:41	Jamiroquai	Travelling Without ...	R&B		2	19/09/05 17:10
27	Cosmic Girl	4:04	Jamiroquai	Travelling Without ...	R&B		2	19/09/05 17:14
28	Use The Force	4:00	Jamiroquai	Travelling Without ...	R&B		2	19/09/05 17:18
29	Everyday	4:28	Jamiroquai	Travelling Without ...	R&B		2	19/09/05 17:23
30	Alright	4:25	Jamiroquai	Travelling Without ...	R&B			
31	High Times	5:58	Jamiroquai	Travelling Without ...	R&B		1	15/09/05 12:54
32	Drifting Along	4:06	Jamiroquai	Travelling Without ...	R&B		1	15/09/05 12:58
33	Didjerama	3:50	Jamiroquai	Travelling Without ...	R&B			
34	Didjital Vibrations	5:49	Jamiroquai	Travelling Without ...	R&B			
35	Travelling Without Moving	3:40	Jamiroquai	Travelling Without ...	R&B			
36	You Are My Love	3:55	Jamiroquai	Travelling Without ...	R&B			
37	Spend A Lifetime	4:14	Jamiroquai	Travelling Without ...	R&B			
38	Bonus Track	8:27	Jamiroquai	Travelling Without ...	R&B			
39	Vivons pour demain	3:47	Leslie		R&B			

iTunes

Types de fichiers musicaux

Le MP3, ou MPEG Layer 3 s'est imposé il y a quelques années comme le nouveau standard audio. Les fichiers m4a sont des fichiers encodés en AAC (*Advanced Audio Coding*), format par défaut d'iTunes. Si leur qualité est meilleure que celle du MP3, ces fichiers sont moins répandus, et donc pas forcément lisibles sur tous les baladeurs MP3.

Vous avez la possibilité de classer vos fichiers musicaux dans une liste de lecture (voir question 206) et aussi de noter vos différents morceaux en leur attribuant une note de 1 à 5 étoiles dans le menu *Classement* (accessible par un clic avancé sur le nom du morceau).

iTunes stocke par défaut les musiques que vous écoutez, mais vous avez la possibilité de désactiver l'importation automatique. Pour cela, rendez-vous dans les *Préférences* de iTunes, puis dans l'onglet *Avancé* et décochez la case *Copier dans iTunes les fichiers ajoutés à la bibliothèque*.

Comment ajouter la pochette d'un CD ?

Vous pouvez ajouter une illustration comme la pochette du CD que vous êtes en train d'écouter. Pour cela, cliquez sur la musique, puis allez dans *Fichier>Obtenir des informations*. Choisissez l'onglet *Illustration*, et cliquez sur *Ajouter*. Choisissez alors l'image qui servira d'illustration.

206 Comment créer une liste de lecture avec iTunes ?

Une liste de lecture (*playlist*) est un raccourci utile lorsque vous disposez d'un certain nombre de fichiers de musique et que vous souhaitez les classer par liste d'écoute, album, genre musical ou autres. Votre liste de lecture vous permet de choisir exactement quels morceaux écouter et dans quel ordre ; vous pouvez ainsi composer vos propres listes à écouter en toutes occasions.

Pour créer une telle liste sous iTunes, la manipulation est simple. Cliquez sur le bouton + en bas à gauche de la fenêtre principale d'iTunes. Une nouvelle *liste sans titre* apparaît alors dans la barre latérale de gauche. Vous pouvez lui donner le nom que vous désirez (voir figure 11-10).

Il ne vous reste qu'à glisser-déposer vos fichiers MP3 ou AAC depuis un dossier ou depuis la bibliothèque vers cette nouvelle liste pour qu'ils y soient ajoutés.

Figure 11-10

Liste de lecture

Placez-vous ensuite à l'intérieur de la liste dans la fenêtre principale de droite et cliquez sur le bouton *Lecture*. Vos fichiers seront lus dans l'ordre que vous avez spécifié.

Depuis iTunes 3, Apple a intégré les listes de lecture dites intelligentes. Elle vous permettent de créer une liste de lecture à partir de critères de recherche précis, et vous évite donc d'avoir à sélectionner vos musiques séparément, vous permettant de ne pas commettre d'oublis. Pour créer une liste de lecture intelligente, choisissez Fichier>Nouvelle liste de lecture intelligente.

Une fenêtre s'ouvre alors vous demandant de spécifier vos critères de recherche, par exemple, artiste contenant « DJ » et genre contenant « techno ». Vous pouvez ensuite choisir si la mise à jour se fait en temps réel, c'est-à-dire si vous ajoutez à votre bibliothèque une musique de genre techno, avec un artiste DJ, elle sera automatiquement ajoutée à la playslist.

207 Comment partager sa musique avec iTunes ?

Il est possible de partager votre musique avec tous les utilisateurs d'iTunes se trouvant sur votre réseau local, et ce grâce à la technologie Bonjour.

Si par exemple vous avez acheté sur Music Store les chansons de vos fans préférés au format AAC ou MP3 sur votre Mac principal, grâce à iTunes, vous pourrez diffuser cette musique vers les autres ordinateurs de votre domicile, via le réseau local. Vous n'avez rien à configurer, Bonjour se charge de tout...

Pour activer la fonction de partage de votre musique, rendez-vous dans les *Préférences* de iTunes, puis cliquez sur l'onglet *Partage*. Vous obtiendrez la fenêtre de la figure 11-11. Vous pouvez choisir de partager toutes vos musiques ou seulement certaines listes de lecture, puis le nom qui apparaîtra dans le iTunes de vos amis, et enfin si vous souhaitez protéger votre musique par un mot de passe.

Figure 11-11

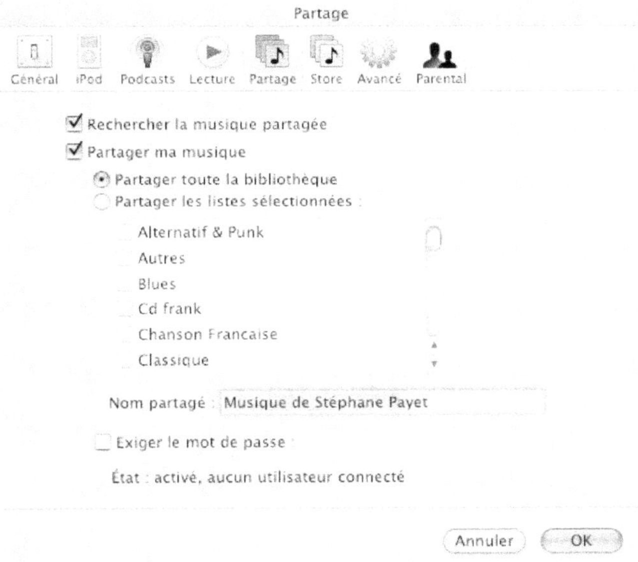

Préférence de iTunes

Partage non illimité

Le partage de musique est disponible uniquement en écoute sur le réseau. En effet, il n'est pas possible de récupérer les morceaux via iTunes. Si vous souhaitez écouter un morceau que quelqu'un a acquis sur l'iTunes Music Store, il vous faudra son identifiant et son mot de passe ITMS. Un morceau n'est écoutable que sur 5 ordinateurs différents après avoir été acheté sur l'ITMS.

208 Comment récupérer les informations d'un CD audio avec iTunes ?

Dès l'insertion d'un CD, si vous êtes connecté à Internet, iTunes récupère les informations le concernant sur une base de données CDDB. Au menu des informations récupérées, vous trouverez le nom des pistes, de l'album et de l'artiste, l'année de sortie de l'album, etc.

Il arrive que tout ne se fasse pas automatiquement. Dans ce cas très rare, sélectionnez votre CD dans iTunes, puis le menu *Avancé* et enfin *Obtenir le nom des pistes du CD*.

Si vous ne disposez pas d'une connexion à Internet, vous devrez renseigner toutes les informations à la main. Pour cela, cliquez sur votre chanson et parcourez le menu *Fichier*, puis sélectionnez *Obtenir des informations*.

209 Comment être alerté de la sortie d'un nouvel album sur le Music Store ?

Pour être alerté lors de la sortie du dernier album ou single d'un artiste sous iTunes, rendez-vous sur le Music Store, en cliquant *sur Music Store* dans la barre latérale gauche d'iTunes. Vérifiez auparavant que vous possédez bien la dernière version d'iTunes avant de vous promener sur le Music Store. Pour cela, vous pouvez utiliser l'utilitaire *Mise à jour de Logiciels* (voir question 45).

Une fois sur le Music Store, naviguez dans les *Genres* pour retrouver votre artiste ou effectuez une recherche dans le champ approprié. Une fois que vous avez trouvé votre artiste, cliquez sur son nom, et vous vous retrouverez sur sa fiche (voir figure 11-12).

Figure 11-12

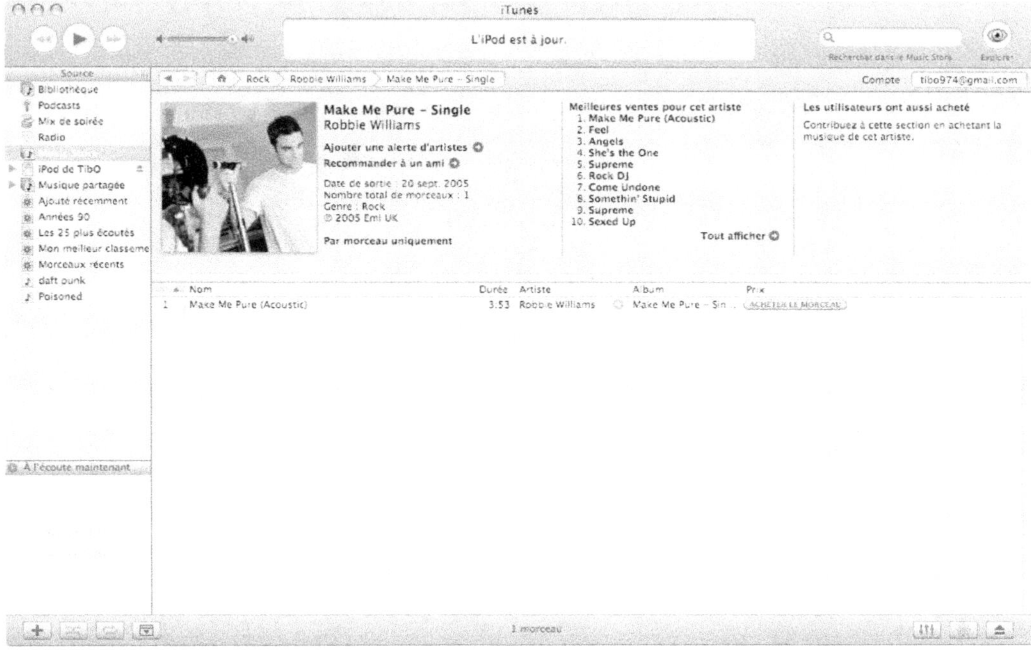

Fiche d'un artiste bien connu.

Une fois sur sa fiche, cliquez alors sur *Ajouter une alerte d'artistes*, iTunes vous demandera alors une confirmation. À chaque fois qu'un morceau ou un album de cet artiste sera publié, vous en serez informé par un e-mail.

210 Comment plafonner ses dépenses sur le Music Store ?

Pour éviter de dépasser un certain budget sur le Music Store, il vous suffit de fonctionner avec des chèques-cadeaux. Sur la page d'accueil de Music Store, trouvez l'accès aux chèques-cadeaux et cliquez sur *Acheter*.

Choisissez de l'imprimer ou de l'envoyer par courriel (voir figure 11-13) et vous pourrez alors utiliser votre chèque-cadeau. Le montant restant disponible est écrit en haut à droite ; ce procédé vous assure une limite non flexible.

Figure 11-13

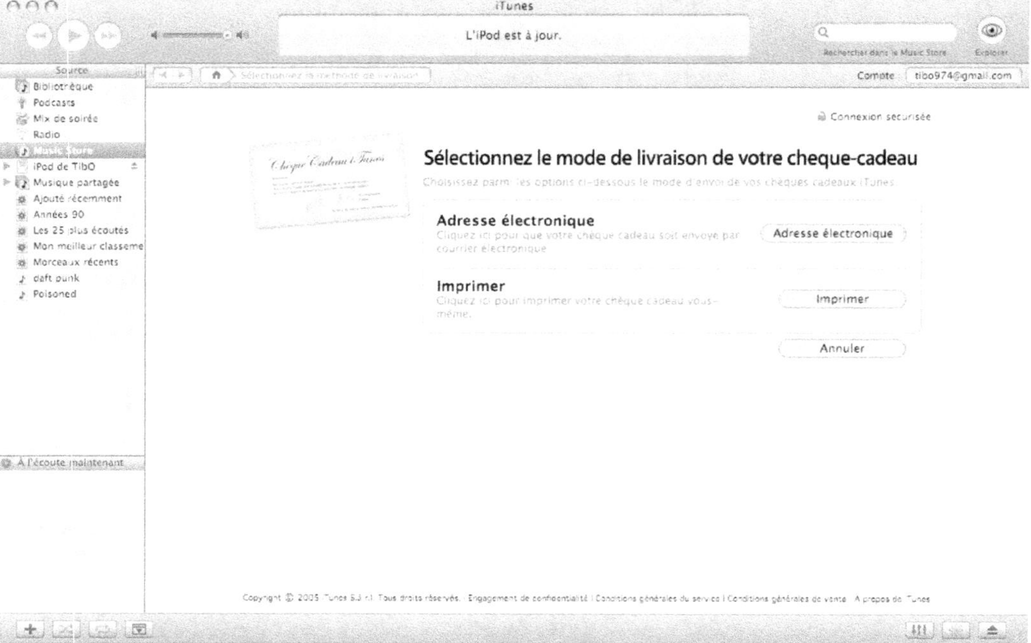

Utilisation d'un chèque cadeau

Il existe un autre moyen pour plafonner vos dépenses, les cadeaux mensuels. Vous pouvez, via le menu principal de l'ITMS sélectionner le lien *Cadeau mensuel*, il vous reste après à remplir les différents champs, comme le nom du bénéficiaire, vous pouvez lui créer un Apple ID (compte) à la volée, et choisir le montant du cadeau mensuel.

211 Comment récupérer un extrait d'un morceau de musique ?

Si un refrain vous trotte dans la tête, vous pouvez sans problème l'extraire du fichier de la chanson grâce à QuickTime. Lancez ce dernier depuis votre dossier *Applications*, puis faites *Fichier>Ouvrir un fichier*. Sélectionnez alors votre fichier de musique (voir figure 11-14).

Figure 11-14

Fichier de musique dans QuickTime

En cliquant et approchant votre curseur de la bande sonore, vous verrez deux délimiteurs situés au début de la piste. Sélectionnez-les séparément et déplacez-les sur la piste afin de choisir l'extrait qui vous intéresse. Cliquez sur *Édition>Ne conserver que la sélection*. Vous obtenez une fenêtre dont la piste ne dure que le temps de la sélection.

Choisissez alors *Fichier>Enregistrer sous*, et vous pourrez sauvegarder le nouveau fichier à l'endroit de votre choix.

212 Comment graver un CD audio avec iTunes ?

Avec iTunes, vous créez vos propres CD audio ou MP3 pouvant contenir de 20 à 200 morceaux sur un CD de 650 Mo (taille d'un CD standard).

Ces CD audio ou MP3 sont lisibles par tout lecteur reconnaissant le format utilisé à la gravure (CDR ou MP3).

CD-R ou MP3 ?

Le CD-R est un CD audio classique qui sera lisible dans votre chaîne Hi-Fi, et qui pourra contenir au mieux une vingtaine de musique. Un CD MP3 est un CD de données, lisible sur les lecteurs qui supportent le MP3, comme les dernières générations de discmans et autoradios, et pourra contenir jusqu'à 200 morceaux environ.

Voici la procédure à suivre :

1. Dans les *Préférences* de iTunes, sélectionnez l'icône *Avancé*, onglet *Gravure*, pour enfin sélectionner le format de CD que vous souhaitez : *CD Audio* ou *CD MP3*. Vous pouvez également choisir de graver des CD ou DVD de données avec vos fichiers. Dans le cas d'un DVD, il vous faut être équipé d'un SuperDrive ou d'un graveur DVD.

Figure 11-15

Préférence de iTunes

2. Sélectionnez dans la colonne de gauche la liste de votre choix ou créez-en une nouvelle (voir question 206), dans laquelle vous glissez-déposez les fichiers de votre CD audio, voire les fichiers MP3 ou MP4 de votre choix destinés à être gravés.

3. Cliquez sur le bouton *Graver disque* en haut à droite (voir figure 11-16).

Figure 11-16

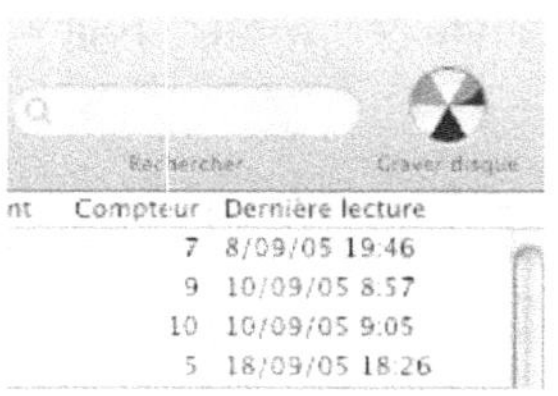

Graver disque

4. Insérez un CD vierge au moment où l'application vous le demande. C'est à ce moment que la gravure commence et un signal sonore vous en indiquera l'achèvement.

213 Comment choisir entre les différents formats proposés par iTunes ?

Dans le monde de la musique et de l'informatique, vous êtes confronté à plusieurs formats de fichier pour vos morceaux, la différence entre les formats résidant dans l'algorithme de compression utilisé.

Le format de compression par défaut d'iTunes est le m4a de 128 kbit/s. Pour le modifier, rendez-vous dans le menu *Préférences* de iTunes puis sur l'icône *Importation*. Choisissez *l'encodeur MP3* comme encodage par défaut pour avoir un maximum de compatibilité. Le taux de compression proposé sera de 128 kbit/s. Ce débit, avec un encodage MP3, est largement suffisant pour une qualité d'écoute acceptable (voir figure 11-17). Toutefois, vous pouvez l'augmenter à 160 kbit/s par exemple, pour une meilleure qualité.

Figure 11-17

Format audio de iTunes

Voici un petit descriptif des différents encodeurs disponibles :

AAC : format par défaut, meilleure qualité que le mp3, mais moins compatible.

MP3 : format standard des fichiers musicaux, compatible avec tout, mais pas la meilleure qualité.

AIFF : format Apple pour l'importation de CD sans compression, donc qualité CD.

WAV : format standard de Microsoft de l'importation de CD Audio, toujours sans compression (donc 600 Mo pour un CD importé).

Apple LossLess : meilleur compromis si on cherche la meilleure qualité en comprimant. Permet d'avoir de la qualité CD avec une compression de près de la moitié de la taille (300 Mo pour un CD audio).

214 Comment transférer ses morceaux sur un iPod ?

Vous pouvez charger la liste de votre musique sur votre iPod à partir de iTunes avec des étapes très simples :

- La première étape à faire avant de connecter son iPod à son ordinateur est de mettre à jour le logiciel iPod Updater sur votre système (voir question 10), ainsi qu'iTunes qui permettra de synchroniser vos chansons avec votre ordinateur.

- Une fois la mise à jour terminée, branchez votre iPod et tout se passe dans iTunes. C'est là que vous devez gérer vos listes de lecture puisque l'iPod ne vous permet pas de réorganiser vos fichiers.

- Vous pouvez configurer votre logiciel soit pour une mise à jour automatique de l'iPod (iTunes fera une copie sur l'iPod de toutes les musiques que vous possédez sur votre ordinateur), soit pour une mise à jour manuelle (vous faites glisser les musiques voulues sur l'icône de l'iPod située dans la fenêtre de gauche).

Supprimer des morceaux de l'iPod

Pour supprimer un morceau de votre iPod sans pour autant le supprimer sur iTunes, votre iPod doit être configuré en mode manuel. Pour le configurer, rendez-vous dans les préférences de iTunes dans la section iPod, et sélectionnez *Organiser les morceaux et listes de lecture manuellement*. Une fois que c'est fait, vous pouvez supprimer les fichiers sur l'iPod (en le sélectionnant dans la liste de gauche), et ils seront toujours présent sur votre liste iTunes.

215 Comment convertir un CD audio en fichiers MP3 ?

Avec iTunes, vous sauvegardez vos albums ou morceaux préférés au format MP3 ou au format MP4 (AAC) haute qualité. Sachez toutefois que la qualité audio d'un MP4 est nettement supérieure à celle d'un MP3, mais que beaucoup de lecteurs ne prennent pas en charge ce format.

iTunes convertit les pistes de vos CD et les stocke sur votre disque dur pour que vous puissiez les écouter depuis votre ordinateur ou iPod.

Voici la marche à suivre :

1. Insérez un CD audio dans le lecteur et sélectionnez les pistes de votre choix en cochant les boutons précédant les titres des morceaux.

2. Cliquez sur le bouton *Importer* en haut à droite.

Reportez-vous à la question 213 pour modifier les paramètres de format de fichier.

216 Comment créer son podcast ?

Qu'est-ce qu'un podcast ?

Les podcasts sont des émissions de radio au format MP3 téléchargeables via Internet. Enregistrés par des particuliers, mais aussi par des radios comme RTL, BBC ou CNN, il en existe sur les sujets les plus variés.

Depuis la version 4.9 de iTunes, vous pouvez désormais explorer et vous abonner à des podcasts depuis le Music Store. Vous pouvez également transférer ces podcasts sur un iPod.

Pour créer son podcast, il suffit d'ouvrir QuickTime et de créer un enregistrement audio. Rendez-vous dans le menu *Fichier* de QuickTime, puis sélectionnez *Nouvel enregistrement audio...* (pensez à lancer votre enregistrement dans un endroit calme). Exportez votre enregistrement à partir du menu *Fichier>Exporter...* Choisissez le format MP3 ainsi que les paramètres de votre enregistrement en cliquant sur *Options*.

Si vous n'enregistrez que de la voix, il n'est peut-être pas nécessaire de dépasser les 44,1 KHz et les 16 bits. Si la musique occupe une part importante dans votre podcast, vous pouvez choisir des fréquences supérieures, mais votre fichier sera alors plus volumineux.

Publier son podcast requiert un espace sur le Web où stocker vos fichiers. Si vous n'en avez pas, trouvez un site d'accueil, par exemple celui de votre fournisseur d'accès. Ou alors, visitez **Ourmedia.org**. Actuellement gratuit, ce site présente l'avantage de ne pas limiter la largeur de bande de l'enregistrement, mais il examine tous les podcasts et élimine tout contenu considéré comme « inapproprié ».

Reste encore à télécharger un fichier RSS contenant une description du podcast, un lien vers le fichier MP3 correspondant, ainsi que diverses informations. Vous avez la possibilité de créer ce fichier gratuitement de différentes façons : en le construisant vous-même (ce qui requiert quelques connaissances de XML), en utilisant le générateur gratuit du site **TD Scripts.com**, ou celui accessible aux utilisateurs d'Ourmedia.

217 Comment s'abonner à un podcast ?

S'abonner à un podcast est très simple et intuitif. Sur la page d'accueil du Music Store, localisez la section *Podcast*. Une fois que vous y êtes, choisissez votre podcast. Vous arrivez à sa page descriptive, où vous avez la possibilité de vous abonner d'un simple clic.

Si vous le faites, une fenêtre vous demande de confirmer. Une fois la confirmation donnée, le podcast apparaît dans votre iTunes dans la rubrique *Podcasts* et iTunes récupère la dernière version de l'émission. Pour récupérer une ancienne émission, cliquez sur le bouton *Obtenir* à côté du podcast en question.

Si vous connaissez l'URL directe du podcast, vous pouvez éviter de passer par le Music Store, choisissez simplement *S'abonner au podcast* dans le menu *Avancé*. Entrez alors l'URL, et le podcast apparaîtra dans la liste de vos podcasts.

218 Comment importer ses films depuis une caméra ?

Vous pouvez enregistrer une séquence à l'aide de QuickTime et d'une caméra vidéo ou d'une webcam comme l'iSight. Votre caméra vidéo doit être compatible FireWire pour être reconnue par QuickTime.

Commencez par brancher votre caméra et lancez QuickTime. Allez dans le menu *Fichier* et choisissez *Nouvel enregistrement de séquence*.

Dans la fenêtre d'aperçu, vous pouvez régler votre vidéo avant de lancer l'enregistrement. Le bouton *Arrêt* se trouve en bas de la fenêtre.

219 Comment redimensionner une vidéo ?

Redimensionner une vidéo reste une manipulation simple avec QuickTime qui est intégré à votre système et vous permet de lire plusieurs formats de vidéo (`.avi`, `.mov`) et d'image.

Pour redimensionner votre vidéo, commencez par l'ouvrir avec QuickTime. Choisissez le menu *Fenêtre* puis *Propriétés de la séquence*. Dans la fenêtre qui s'ouvre, sélectionnez la piste vidéo, puis cliquez sur *Réglages visuels* (voir figure 11-18)

Pour redimensionner la séquence, tapez les nouvelles valeurs dans les champs *Taille affichée*. Pour conserver le même rapport entre la hauteur et la largeur de l'image, sélectionnez *Préserver les proportions*.

Si le résultat ne vous satisfait pas, vous retrouverez l'aspect d'origine de la séquence en cliquant sur *Réinitialiser*.

Figure 11-18

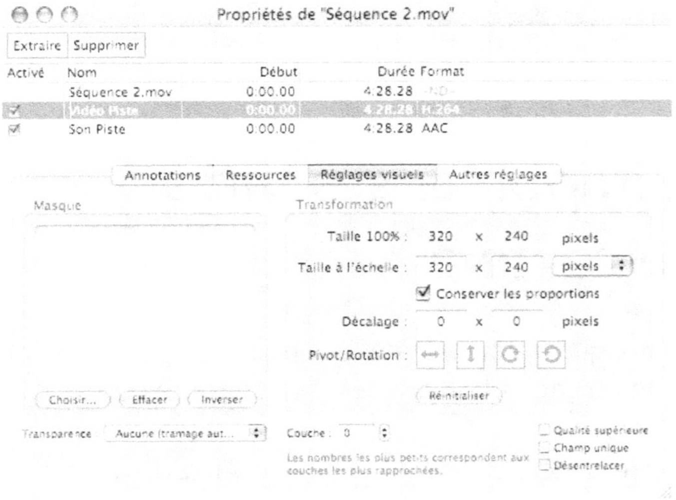

Propriétés de vidéo

Résolution

Lorsque vous diminuez la résolution d'une vidéo, la taille sur le disque est diminuée, mais la qualité également. Lorsque vous diminuez la résolution, si vous agrandissez l'image à la main, la qualité sera dégradée.

220 Comment faire pivoter une vidéo ?

QuickTime permet aussi de modifier l'orientation d'une piste vidéo ou d'une séquence.

Pour faire pivoter une séquence, choisissez le menu *Fenêtre* puis *Propriétés de la séquence*. Dans la fenêtre *Propriétés*, sélectionnez la piste vidéo puis *Réglages visuels* et cliquez sur l'un des boutons de rotation.

Vous retrouverez l'aspect d'origine de la séquence en cliquant sur *Réinitialiser*.

221 Comment extraire le son d'une vidéo ?

Pour extraire le son d'une vidéo, QuickTime sera une nouvelle fois votre allié.

Lancez votre vidéo avec QuickTime et choisissez le menu *Fenêtre>Propriétés de la séquence*. Dans la fenêtre qui s'ouvre, sélectionnez la piste audio (ou plusieurs, en maintenant la touche *Maj* erfoncée), puis cliquez sur *Extraire* (voir figure 11-19).

Figure 11-19

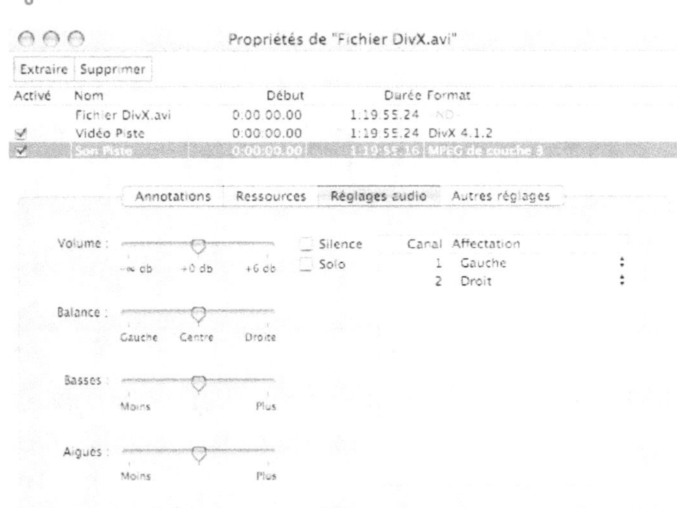

Propriétés de vidéo

222 Comment ajouter des effets sur une vidéo ?

Vous pouvez ajouter des effets spéciaux à une séquence grâce à QuickTime.

Lancez votre vidéo avec QuickTime et choisissez le menu *Fichier>Exporter*. Choisissez *Séquence vers Séquence QuickTime* dans la fenêtre qui apparaît. Ensuite cliquez sur *Options*, puis sur *Filtres* et vous pouvez choisir le type de filtre que vous désirez, par exemple *Bruit* pour avoir un effet de vieux film.

Terminez en cliquant sur *Enregistrer*.

Figure 11-20

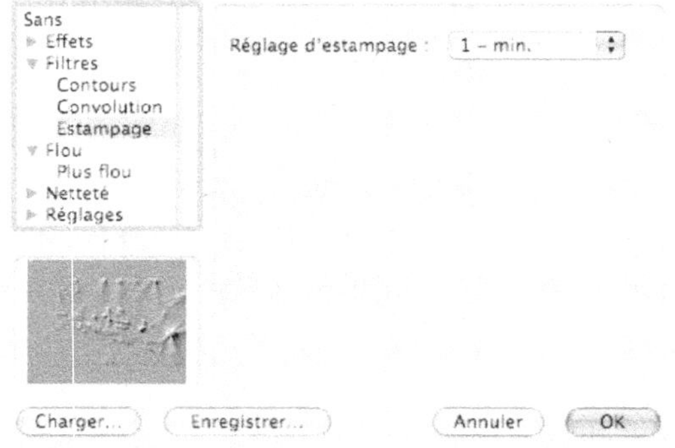

Réglages des Effets

223 Comment changer le format d'une vidéo ?

L'enregistrement d'une séquence sur QuickTime est très simple, quelle que soit sa source.

Lancez QuickTime, puis choisissez Fichier>Ouvrir un fichier, et sélectionnez votre fichier. Une fois votre vidéo dans QuickTime, choisissez dans le menu *Fichier* l'option *Exporter* ou *Enregistrer sous*. Vous avez la possibilité de changer le format lorsque vous exportez votre vidéo, via le menu déroulant Exporter.

Pour ajouter des effets à votre vidéo, voir question 222. Pour modifier la résolution de votre vidéo, voir question 219.

224 Comment importer ses photos depuis un appareil photo numérique ?

Avec Transfert d'images

Transfert d'images est une application livrée avec Mac OS X. Elle vous permet de transférer vos prises de vue depuis votre appareil photo jusqu'à votre ordinateur.

Pour cela, connectez votre appareil photo numérique à votre ordinateur par le câble USB ou FireWire selon le modèle de votre appareil.

En allant dans les *Préférences* de Transfert d'images, vous pourrez préciser les options suivantes :

- *Général* : choisissez l'application qui s'occupera d'importer vos photos lorsque vous connectez votre appareil photo.

- *Partage* : permet le partage, notamment via le Web, des photos dont vous disposez.

Avec iPhoto

Pour importer vos photos depuis iPhoto, il vous suffit de lancer l'application. Cliquez ensuite sur le bouton Importer. Votre appareil photo apparaît alors dans la partie inférieure de la fenêtre. Cliquez ensuite sur importer, vos photos sont automatiquement importées dans la photothèque.

Vous pouvez choisir de supprimer les fichiers sur l'appareil après l'importation en sélectionnant la case correspondante.

225 Comment redimensionner une photo ?

iPhoto ne permettant pas de redimensionner de façon aisée la taille d'une photo ou d'une image, nous allons utiliser QuickTime pour cela.

1. Ouvrez votre image avec QuickTime et procédez comme pour redimensionner une vidéo (voir question 219).

2. Une fois la taille de votre image modifiée, choisissez l'option *Exporter* dans le menu *Fichier.*

3. Ensuite, sélectionnez *Séquence vers Image* dans la liste *Exporter* et le format de votre image finale, PNG ou JPEG par exemple. Cliquez sur *Enregistrer.*

226 Comment accélérer le chargement de iPhoto ?

iPhoto fonctionne sur un système de photothèque et d'albums. La photothèque contient toutes vos photos, lesquelles sont réparties en albums à votre gré. Lorsque vous possédez beaucoup de photos, étant donné que iPhoto va devoir charger la photothèque au démarrage, celui-ci risque d'être ralenti de façon notable.

C'est là qu'intervient iPhoto buddy. Il vous permet de gérer plusieurs photothèques, alors qu'iPhoto n'en gère qu'une seule de taille importante, et de ne lancer que certaines d'entre elles sans charger toutes les photos. C'est un logiciel qui se lance avant iPhoto, et qui se chargera de lui dire quelle photothèque il doit prendre.

Pour télécharger iPhoto buddy, rendez-vous à l'adresse suivante :

`http://nofences.net/iphotoBuddy/`

Téléchargez-le (n'hésitez pas à faire un don à l'auteur pour ce logiciel si vous en avez l'utilité) et installez-le sur votre ordinateur, en glissant son fichier dans */Applications*. Lancez-le ; vous pouvez alors cliquer sur le *+* pour ajouter la photothèque présente sur votre ordinateur (dans votre dossier *Images/iPhoto Library*). Vous pouvez également créer de nouvelles photothèques à partir de dossiers vides.

Vous créez donc une nouvelle entrée dans iPhoto buddy à l'aide du bouton *New Folder*, et vous lancez iPhoto à partir de ce nouveau dossier vide. Vous pouvez ensuite ajouter les photos de votre choix dans iPhoto. La prochaine fois que vous lancerez iPhoto buddy, vous aurez le choix entre votre nouvelle photothèque contenant très peu de photos, rapide à charger, et l'ancienne, lente au possible.

Il vous suffit donc maintenant de gérer vos albums par photothèques et non plus par albums, et le chargement de iPhoto sera grandement optimisé, puisqu'il ne lancera plus que les photos nécessaires.

227 Comment changer le format d'une image ?

Avec Aperçu

Pour changer le format d'une image, vous pouvez une fois de plus utiliser Aperçu, application qui vous permet entre autres de visualiser des PDF, des images et bien d'autres formats. Commencez par ouvrir votre image avec Aperçu, puis cliquez sur *Fichier>Enregistrer sous...* et modifiez le format de votre image (voir figure 11-21).

Selon le format, vous pouvez paramétrer les réglages de la qualité.

Figure 11-21

Format image

Avec iPhoto

Pour modifier le format de votre photo avec iPhoto, il faut sélectionner la photo dans la fenêtre principale, puis sélectionnez *Fichier>Exporter*. Faites votre choix puis cliquez sur *Exporter*. Une fenêtre s'ouvre alors pour vous demander où sauvegarder le fichier modifié. Choisissez l'emplacement et validez en cliquant sur *Ok*.

Conversion d'un JPEG en TIFF

La modification du format ne peut pas améliorer la qualité d'un document, puisque la qualité dépend directement de la résolution. Si vous passez un fichier de JPEG à TIFF, vous ne verrez pas d'amélioration de l'image, et dans le pire des cas, vous constaterez une détérioration.

228 Comment offrir un morceau à quelqu'un via l'iTunes Music Store ?

Pour offrir un morceau à quelqu'un sur l'iTunes Music Store, la manipulation se déroule en deux étapes :

1. Sélectionnez le morceau comme si vous souhaitiez l'acheter vous même, puis dans la partie haute de la fenêtre de l'iTMS (celle correspondant à l'artiste), cliquez sur la flèche à coté de *Offrir ce morceau*. La liste change, et vous avez alors *Offrir le morceau* qui apparaît à la place de *Acheter ce morceau*.

2. Cliquez alors sur *Offrir le morceau*, et après avoir entré votre identifiant et votre mot de passe, vous pourrez choisir la personne à qui vous enverrez le morceau, en entrant les différentes coordonnées (nom, e-mail, et message personnel).

229 Comment utiliser une carte musicale sur iTunes ?

Si vous ne souhaitez pas transmettre les coordonnées de votre carte bancaire sur le Music Store, vous pouvez acheter des cartes musicales sur l'Apple Store par chèque, et bientôt dans le réseau de distribution d'Apple.

Pour utiliser une carte musicale, allez sur la page principale de l'iTunes Music Store et cliquez sur *Carte Musicale*. Entrez ensuite les 16 chiffres de votre carte musicale, et vous aurez alors le budget disponible sur votre carte musicale.

230 Comment ajouter une vidéo à iTunes ?

Depuis iTunes 6, Apple a implémenté la gestion des vidéos dans iTunes. Pour ajouter une vidéo à celles déjà présentes sur votre ordinateur, il suffit de sélectionner *Fichier>Ajouter un fichier à la bibliothèque*, et de sélectionner votre vidéo. Une fois celle-ci ajoutée, elle apparaîtra dans la liste des clips vidéos, accessibles depuis la section *Clips vidéo* sur la gauche de votre iTunes.

231 Comment transférer une vidéo vers un iPod ?

Au mois d'octobre 2005, Apple a sorti son nouvel iPod, qui supporte le format vidéo. Lorsque vous branchez votre iPod, après avoir lancé iTunes, il est disponible dans la liste de gauche. S'il est réglé en mise à jour manuelle (*Fichier>Préférences>iPod>Mettre à jour manuellement*), pour transférer une vidéo depuis votre bibliothèque vers votre iPod, il suffit de la sélectionner dans la liste des vidéos disponibles (menu *Clips Vidéo*, sur la gauche), et de la déplacer dans la section correspondante de votre iPod.

Réseau

chapitre 12

Qui n'est pas en réseau de nos jours ? Apprenez à créer et configurer votre réseau local, cohabiter avec d'autres systèmes d'exploitation, partager des ressources (fichiers et imprimantes), accéder à celles des autres, etc. Et tout cela en réseau câblé ou Wi-Fi !

232 Comment avoir des informations sur les connexions réseau de votre Mac ?

Mac OS X intègre un utilitaire qui permet de vérifier d'un coup d'œil l'état des connexions réseau : le panneau *Réseau* accessible depuis les *Préférences Système* (voir figure 12-1).

Figure 12-1

Icône du panneau Réseau

Dans ce panneau, vous voyez deux menus déroulants :

- Le premier, intitulé *Configuration*, indique le profil réseau activé. Pour plus d'informations, voir question 254.
- Le deuxième menu déroulant permet de choisir ce que vous voulez afficher dans la fenêtre en cours.

Cliquez sur *État du réseau* dans le menu déroulant *Afficher*. Les différents ports réseau activés sur la machine apparaissent, et à chacun d'eux correspond une pastille colorée dont voici la signification (voir figure 12-2) :

- Une pastille verte indique un port actif.
- Une pastille orange indique un défaut de configuration.
- Une pastille rouge indique un port déconnecté ou désactivé.

Si jamais votre pastille est rouge ou orange, rendez-vous à la question 252.

Pour consulter les informations réseau d'un port en particulier, il suffit de le sélectionner dans la liste et de cliquer sur le bouton *Configurer*.

Les onglets *Airport, TCP/IP, PPPoE, AppleTalk* et *Proxys* récapitulent les différentes informations réseau dont dispose la machine pour configurer plus précisément votre réseau local. Dans l'onglet *TCP/IP* notamment, s'affichent les paramètres réseau de votre ordinateur. Nous traiterons certains de ces onglets dans les configurations d'interfaces réseau ; pour plus d'informations, voir questions 248 et 251.

Figure 12-2

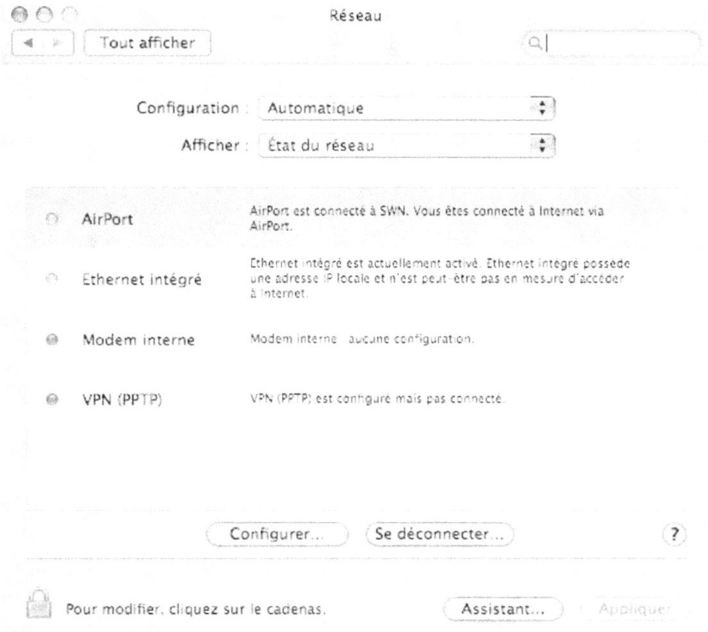

Panneau Réseau des Préférences Système

233 Comment partager ses fichiers ?

Sous Mac OS X, il est possible d'accéder à ses fichiers personnels depuis un autre ordinateur, que ce soit un Mac ou un PC. Cela s'appelle le partage de fichiers. Voyons donc comment l'activer sous Mac.

Les documents que vous souhaitez partager avec d'autres utilisateurs ou des *Invités* (personnes n'ayant pas de compte utilisateur sur la machine) doivent être déposés dans le dossier *Départ/Public*. C'est le seul dossier auquel d'autres personnes pourront accéder par défaut. Pour configurer le type de protocole par lequel les utilisateurs du réseau accéderont à votre Mac, ouvrez le panneau *Partage* des *Préférences Système*. (voir figure 12-3).

Depuis ce panneau, il est possible d'activer entre autres :

- le *partage de fichiers Mac*, pour rendre ses fichiers accessibles uniquement depuis un autre Mac via l'adresse IP ou le nom de la machine ;

- le *partage Windows*, pour rendre ses fichiers accessibles indifféremment depuis un PC ou un Mac ;

Figure 12-3

Panneau Partage des Préférences Système

> l'*accès FTP*, pour se connecter à l'ordinateur via un client FTP.

Pour activer un type de partage, il suffit de cocher la case en face du service. Lors de la connexion au partage, entrez votre login ou nom abrégé et votre mot de passe, qui ont été définis lors de la création de votre compte utilisateur, afin d'accéder à vos fichiers. Une fois que vous avez validé vos informations, vous avez accès à votre dossier *Départ* comme si vous étiez sur la machine à laquelle vous accédez en partage. Si vous choisissez de vous connecter à la machine en *Invité*, vous avez le droit de choisir l'utilisateur (ou du moins son dossier *Public*) auquel vous accéderez.

Depuis un PC, l'utilisateur doit utiliser la méthode suivante pour accéder aux fichiers partagés sur le Mac :

> Il entre `\\NomduMac` ou `\\AdresseIPduMac`

> Il est alors invité à saisir le nom d'utilisateur et le mot de passe définis lors de l'installation ou lors de la création d'un compte sur le Mac. Il a alors les mêmes accès aux fichiers que s'il se connectait depuis un Mac.

Pour accéder depuis votre Mac à des fichiers présents en partage sur un PC, reportez-vous à la question 235.

Pour partager d'autres dossiers que *Public*, il faut utiliser un petit logiciel, dont l'installation et la configuration sont détaillées à la question 236.

234 Comment connecter un Mac et un PC ?

Les machines Mac et PC utilisant des protocoles réseau compatibles, il est très simple de les connecter afin de partager vos données ou des périphériques comme des imprimantes.

1. La première étape consiste à les relier par un câble réseau ou de les connecter en Wi-Fi (voir question 240).

2. Il faut ensuite paramétrer des adresses IP fixes, à la fois sur le Mac et sur le PC. Sur Mac, dans l'onglet *TCP/IP* du panneau *Réseau* des *Préférences Système*, entrez des adresses IP de type **192.168.1.X** où **X** est le numéro de machine, compris entre 1 et 254 (voir question 251).

Pour attribuer une adresse IP fixe au PC, configurez le protocole TCP/IP de la carte réseau dans les *Connexions réseau* avec la même IP que celle utilisée pour la configuration du Mac, mais avec un numéro de machine différent. Par exemple, donnez les adresses IP fixe **192.168.1.1** au Mac et **192.168.1.2** au PC.

Si la configuration a été correctement effectuée, les machines sont à même de communiquer et les fichiers en partage sont accessibles pour les utilisateurs autorisés. Pour en apprendre davantage sur les partages de fichiers avec les ordinateurs utilisant Windows, rendez-vous à la question 235.

Dépannage

Enfin, en cas de problème de communication entre les deux machines, commencez par effectuer un test d'accès (Ping, voir question 253). Si le Ping n'aboutit pas, le problème est soit physique, soit dû à une mauvaise configuration d'une des machines sur le réseau :

- Vérifiez alors que tous les câbles sont bien branchés, essayez éventuellement d'en tester de nouveaux.

- Essayez de changer les adresses IP des machines, l'une d'entre elles ayant peut-être déjà été attribuée à une autre machine du réseau, ce qui implique un conflit et donc un dysfonctionnement ; testez donc en changeant le **X** de l'adresse IP que vous avez configuré précédemment.

- Vérifiez que l'interface réseau que vous utilisez est bien marquée d'une pastille verte dans votre onglet *État du réseau* (voir question 232).

235 Comment récupérer des fichiers partagés sur un autre ordinateur ou sur un serveur ?

Pour récupérer des fichiers sur un ordinateur (sous Windows ou Mac OS X), vous devez accéder aux dossiers partagés dans lesquels ces fichiers sont disponibles. Il vous faut pour cela connaître le nom ou l'adresse IP de la machine sur laquelle vous voulez récupérer les fichiers en question.

- Sur Mac, le nom et l'adresse IP sont disponibles dans le panneau *Partage* des *Préférences Système*. Le nom est indiqué en haut de la fenêtre. Pour l'adresse IP, cliquez sur le partage concerné (*Partage de fichier Mac*, ou *Partage Windows*, ou autre) et vous voyez en note en dessous l'adresse que les utilisateurs devront entrer pour accéder à la machine.

- Sur PC, le nom est disponible dans les *Propriétés Système* (clic droit sur *Poste de travail›Propriétés* ou dans le *Panneau de Configuration*), dans l'onglet *Nom de l'ordinateur*. Pour l'adresse IP, allez dans les *Connexions réseau* du *Panneau de configuration*, choisissez la connexion au réseau local, cliquez droit, choisissez *Statut*, puis dans la nouvelle fenêtre cliquez sur l'onglet *Support*.

Maintenant que vous connaissez le nom et l'adresse de la machine, vous pouvez vous y connecter.

Connexion

Dans le Finder, cliquez sur *Aller*, puis *Se connecter au serveur...* ou utilisez le raccourci clavier *Pomme + K*. La fenêtre *Connexion au serveur* s'ouvre alors comme l'illustre la figure 12-4.

Figure 12-4

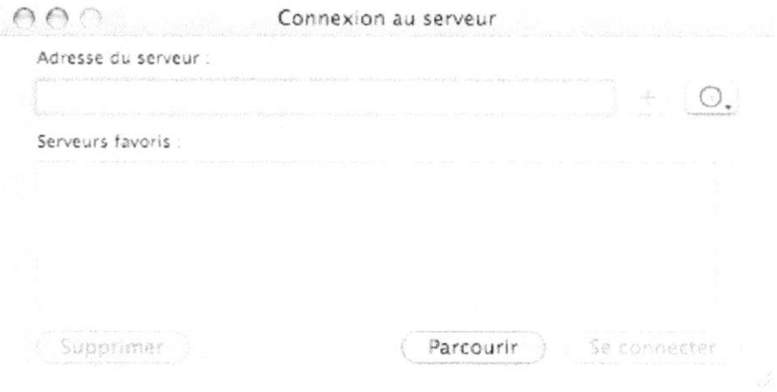

Connexion au serveur

Adresse du serveur :

Serveurs favoris :

Supprimer Parcourir Se connecter

Fenêtre Connexion au serveur

Dans le champ *Adresse du serveur*, saisissez le protocole (`smb://`, `afp://`, `ftp://`), suivi de :

- soit l'adresse IP de la machine où sont les fichiers, suivie ou non d'un nom de dossier partagé (par exemple `smb://192.168.1.17` ou `smb://192.168.1.17/ephemere`) ;

- soit le nom de la machine où sont les fichiers, suivi ou non du nom d'un dossier partagé (par exemple `smb://fox` ou `smb://fox/ephemere`).

Une fenêtre s'ouvre et vous informe que la procédure est en cours.

Attention

S'il s'agit d'un partage Windows, l'adresse débutera par le préfixe `smb` (Samba), alors que s'il s'agit d'un partage Mac, elle débutera par le préfixe `afp`. Le préfixe `ftp` peut également être utilisé pour consulter le contenu d'un serveur FTP (voir questions 233 et 247).

Authentification

Une fois la connexion établie, il faut s'authentifier grâce à la fenêtre présentée à la figure 12-5. Il suffit d'entrer les informations dans les champs appropriés. Saisissez-y un groupe de travail ou domaine, un nom d'utilisateur, ainsi que le mot de passe correspondant.

Rappel

Ce mot de passe peut être conservé dans le trousseau en cochant la case prévue à cet effet.

Figure 12-5

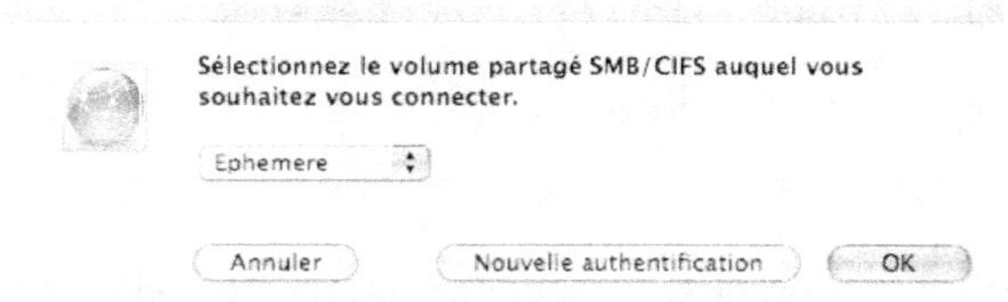

Fenêtre d'authentification

Si vous n'avez pas précisé le nom du partage, une liste des partages disponibles sur la machine à laquelle vous accédez apparaît. Choisissez celui qui vous convient (voir figure 12-6).

Figure 12-6

Fenêtre Sélection du volume partagé

Lorsque la connexion est réussie, le dossier partagé devient accessible. (on dit qu'il est « monté ») et apparaît sur le bureau sous forme d'un globe gris bleuté, ainsi que dans la barre latérale du Finder (voir figure 12-7). Pour accéder au partage, double-cliquez alors sur l'icône correspondante.

Figure 12-7

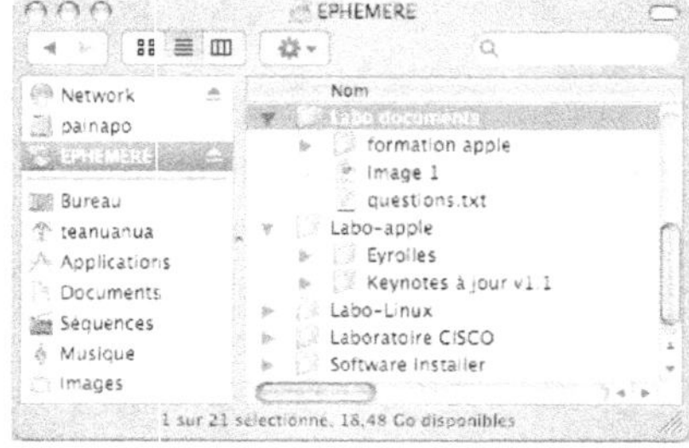

Volume partagé dans la fenêtre du Finder

Se déconnecter d'un partage

Pour se déconnecter d'un partage :

1. cliquez sur l'icône d'éjection du dossier partagé présente à coté du nom dans la barre du Finder ;

2. glissez-déposez le dossier partagé du Bureau vers la Corbeille (celle-ci se transformant alors en icône d'éjection).

236 Comment partager d'autres dossiers que Public ?

Comme nous l'avons vu dans la question 233, les fichiers que vous pouvez partager par défaut sont ceux de votre répertoire utilisateur si vous vous connectez avec votre compte utilisateur, et le dossier *Public* pour les personnes qui se connectent en *Invité*. Pour créer d'autres partages (un dossier en particulier, par exemple), il vous faudra télécharger un *freeware* du nom de SharePoints sur le site suivant :

`http://www.hornware.com/sharepoints/`

L'application se présente comme sur la capture d'écran de la figure 12-8.

Figure 12-8

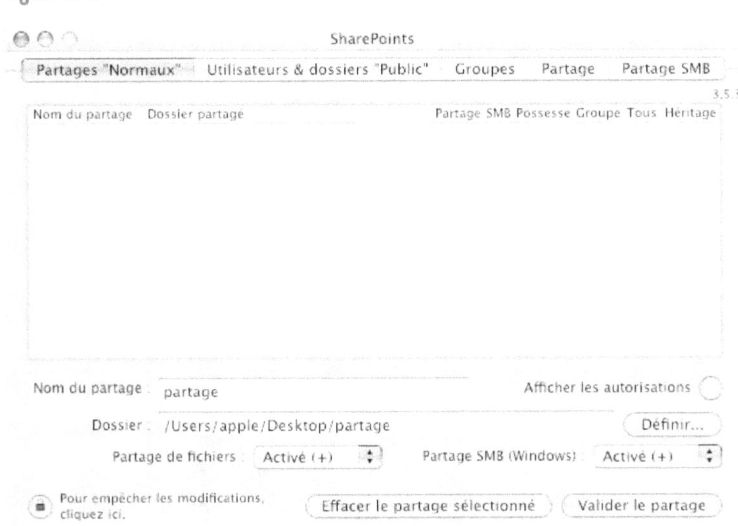

Le freeware SharePoints

Pour créer un partage, vous devez donc, dans l'onglet *Partage normaux* :

1. donner un nom au partage ;

2. définir le dossier à partager ;

3. activer les options *Partage de fichiers* et *Partage SMB* parce qu'il faudra accéder à ce dossier partagé en SMB pour voir les volumes montés par SharePoints (le partage Mac simple connaissant des dysfonctionnements), depuis un Mac ou un PC.

4. cliquer sur le bouton *Afficher les autorisations* et définir un possesseur, un groupe, ainsi que les diverses autorisations. Si vous activez l'héritage du dossier parent, le dossier partagé possèdera les mêmes autorisations que ce dernier. Il est préférable de ne pas activer cet héritage et de redéfinir les autorisations pour le partage.

Figure 12-9

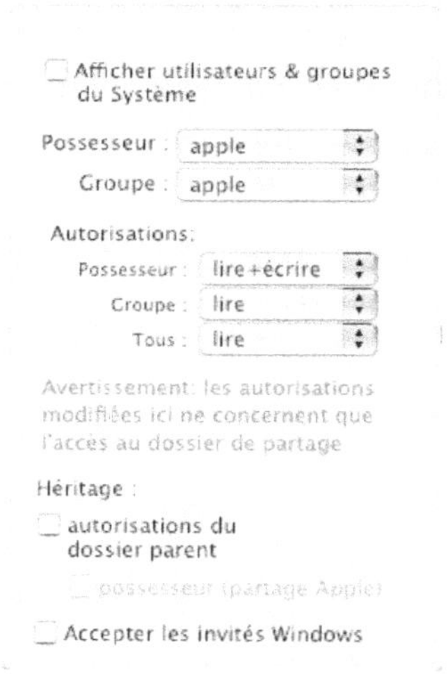

Définition des autorisations

5. cliquer sur le bouton *Valider le partage*.

Le partage créé se retrouve dans la liste des partages de SharePoints (voir figure 12-10).

Lorsque vous accédez à la machine en réseau, le dossier partagé est alors proposé en tant que volume à sélectionner, et vous pouvez également le monter en tapant l'adresse `smb://adressedelamachine/nomdupartage`.

Figure 12-10

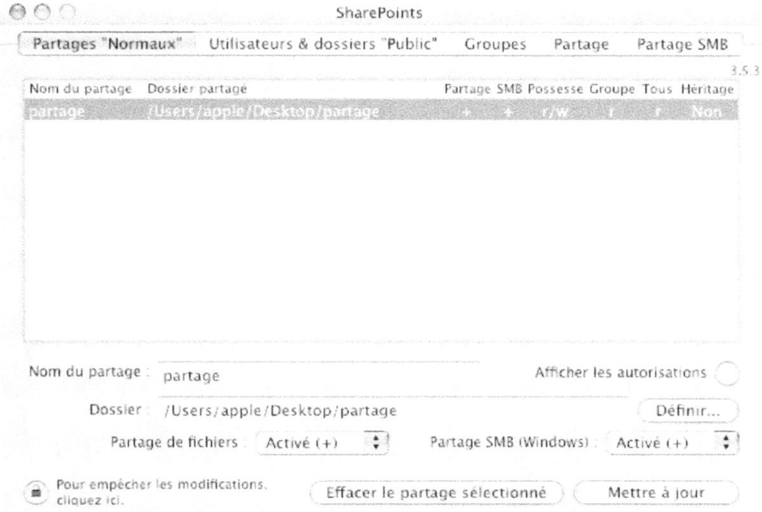

Liste des partages créés avec SharePoints

237 Comment envoyer un fichier sur un autre Mac avec la Boîte de dépôt ?

Comme nous l'avons vu précédemment, lorsqu'un utilisateur souhaite partager ses données, il peut les déposer dans son dossier *Public* afin que tout le monde puisse y accéder. Néanmoins, ce dossier *Public* permet de donner des fichiers aux autres mais pas d'en recevoir, puisque seul son propriétaire a le droit de le modifier. Pour donner des fichiers à un utilisateur **Paul**, il faudra utiliser la Boîte de dépôt du dossier *Public* de **Paul**. Cette Boîte de dépôt n'est pas accessible en lecture aux autres utilisateurs, donc ils ne peuvent pas en voir le contenu, même s'ils peuvent y déposer des fichiers. Ainsi, on peut déposer des fichiers en toute confidentialité puisque seul le destinataire peut les lire.

Pour accéder à la Boîte de dépôt d'un utilisateur avec qui l'on souhaite partager ses fichiers, il faut dans un premier temps se connecter à son ordinateur (voir questions 233 et 234).

Pour vous authentifier, sélectionnez le type de compte *Invité* et cliquez sur le bouton *Se connecter* (voir figure 12-11). Une liste de volumes à monter est alors proposée ; choisissez l'utilisateur à qui vous souhaitez envoyer les fichiers. Cliquez sur le bouton *Ok* pour valider le choix.

Figure 12-11

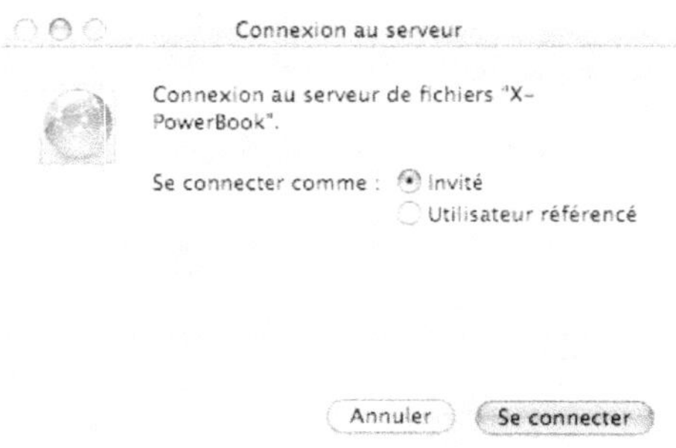

Se connecter en Invité

Une fenêtre du Finder s'ouvre et affiche le dossier *Public* où vous pouvez voir la *Boîte de dépôt* de l'utilisateur en question (voir figure 12-12).

Figure 12-12

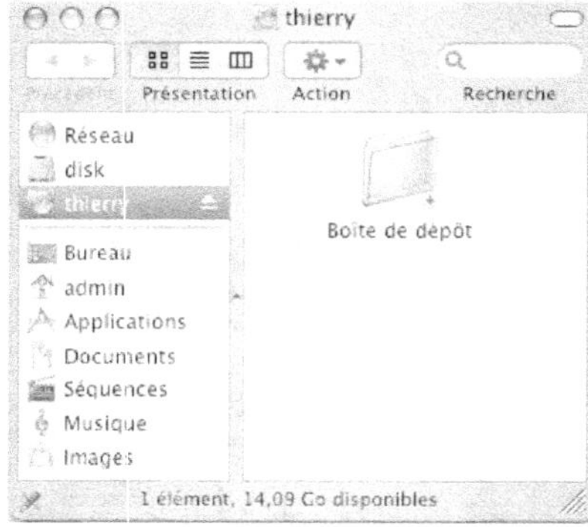

La boîte de dépôt

Il suffit donc de glisser-déposer sur l'icône du dossier partagé les fichiers que vous souhaitez envoyer. Une fenêtre informative explique que vous ne pourrez pas voir le résultat de la copie ; validez puis éjectez le volume une fois l'opération terminée (voir question 278).

Attention

Il n'est pas possible de lister le contenu de la boîte de dépôt, car les éléments qui y sont déposés sont confidentiels et accessibles uniquement par l'utilisateur à qui elle appartient.

Il est en revanche toujours possible de librement récupérer les éléments qui se trouvent dans le dossier *Public* de l'utilisateur auquel on se connecte.

238 Comment créer un réseau domestique ?

Si vous disposez de plusieurs ordinateurs chez vous et que vous souhaitez les relier entre eux afin de partager différentes ressources comme des fichiers, une connexion Internet ou une imprimante, voici une méthode étape par étape qui permet de créer un réseau domestique.

Matériel nécessaire et connexion des machines

Pour créer un réseau domestique, vous devez disposer de plusieurs ordinateurs (Mac ou PC) équipés de ports réseau, et d'éléments d'interconnexion qui pourront être des câbles dans le cas d'un réseau filaire, un commutateur pour relier les Mac et PC entre eux ou une borne Airport express dans le cas d'un réseau sans fil. Dans le cas où vous souhaitez monter un réseau domestique en Airport, reportez-vous à la question 242.

Si vous n'avez que deux ordinateurs à relier, l'élément d'interconnexion sera un simple câble réseau, droit ou croisé. Avec plus de deux ordinateurs, chacune des machines présentes sera branchée à un commutateur à l'aide de câbles réseau, droits pour les PC, et peu importe pour les Mac.

Configuration des différentes machines

Il faut maintenant configurer des adresses IP fixes. Une méthode permettant de le faire est expliquée à la question 251.

Vérification de la configuration

Une fois que les machines sont branchées et configurées, effectuez quelques tests pour en vérifier le bon fonctionnement. Vous disposez pour cela de l'outil *Ping* dont l'utilisation sera expliquée à la question 253.

239 Comment voir les réseaux sans fil disponibles ?

Voici une méthode pour visualiser les différents réseaux sans fil à votre portée et vous y connecter.

Le menu Airport

Pour voir les réseaux sans fil disponibles, il suffit d'activer Airport.

Par défaut, l'icône d'Airport est présente dans la barre des tâches. Cliquez dessus et sélectionnez *Activer Airport* dans le menu déroulant, comme le montre la figure 12-13.

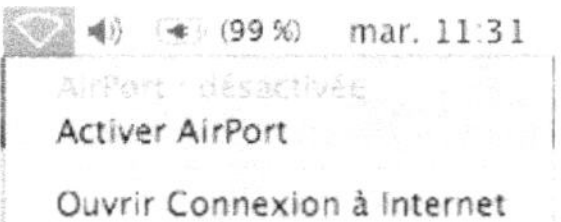

Contenu du menu Airport désactivé

Une fois Airport activé, les réseaux disponibles apparaissent dans le même menu déroulant. Vous pouvez voir par exemple sur la figure 12-14 que le réseau SWN est sélectionné.

Contenu du menu Airport après activation

Si l'icône n'est pas disponible, cochez la case *Afficher l'état Airport* dans la barre de menus dans l'onglet *Airport* du panneau *Préférences Système›Réseau*, comme sur la figure 12-15.

Figure 12-15

Panneau Airport des préférences système

Vous remarquerez que l'icône Airport présente dans la barre des menus se compose de plusieurs traits, pleins ou vides, et que le nombre de traits pleins indique la qualité du signal que vous recevez.

240 Comment se connecter à un réseau Wi-Fi ?

Il y a plusieurs manières de vous connecter à un réseau Wi-Fi détecté par l'ordinateur.

Par l'outil dans la barre de menus

Si l'icône Airport est activée et les réseaux sans fil détectés, vous vous y connectez en cliquant sur le nom du réseau désiré (voir figure 12-14). Pour savoir comment détecter les réseaux sans fil disponibles, voir question 239.

Une fenêtre apparaît pour vous demander des informations relatives au réseau sélectionné, la clé WEP ou WPA par exemple (voir figure 12-16).

Figure 12-16

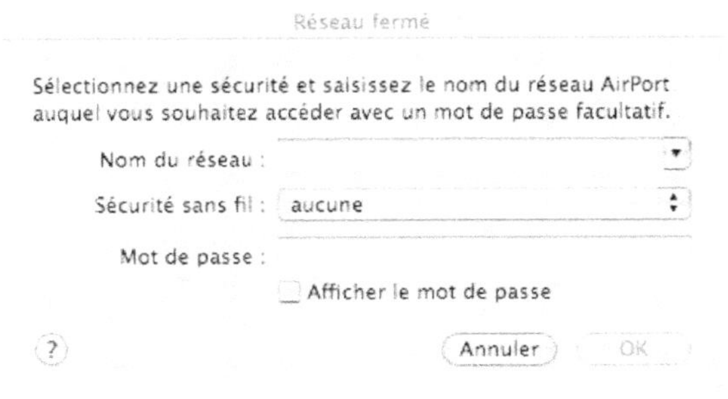

Configuration de l'accès au réseau

Une fois les informations entrées correctement, appuyez sur le bouton *Valider*. La connexion est maintenant active.

Via les Préférences Système

Si l'icône Airport n'est pas disponible dans la barre de menus, procédez de la manière suivante :

1. Allez dans le panneau *Réseau* des *Préférences Système*, sélectionnez l'onglet *Airport* et cliquez sur *Se connecter* (voir figure 12-17).

Figure 12-17

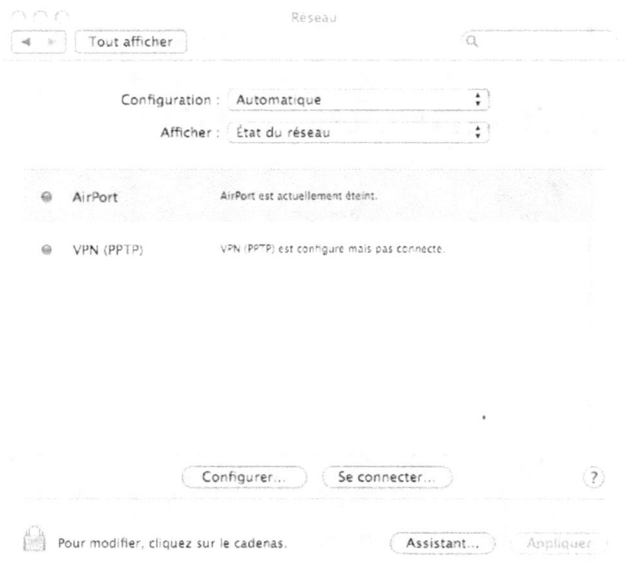

Menu Réseau des Préférences Système

2. Cliquez sur *Activer Airport* et la machine détecte automatiquement les réseaux disponibles. La procédure redevient la même que celle citée au début, avec les connexions détectées (voir figure 12-18).

Figure 12-18

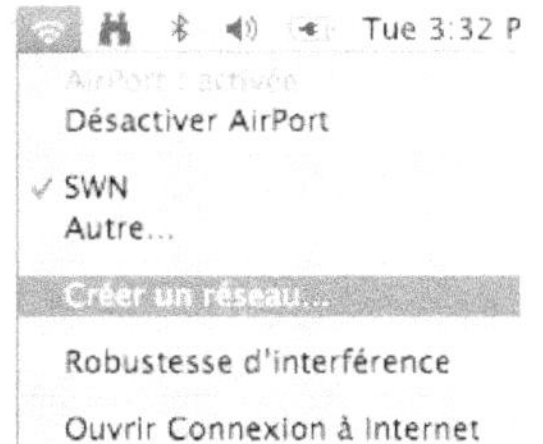

Panneau de configuration d'Airport

241 Comment configurer un réseau sans fil entre deux Mac ?

Tout l'intérêt de créer son réseau sans fil réside dans sa mise en place entre deux machines (appelé également réseau « ad hoc »). Cela facilite le transfert de fichiers entre deux ordinateurs munis d'une carte Airport (appelée carte Wi-Fi pour les PC). Une carte Airport est installée de série depuis les iMacs G3 pour les ordinateurs de bureau et depuis les iBooks G3 pour les portables. Si votre Mac est plus ancien il vous faudra faire l'acquisition d'une telle carte. Pour mettre en place un réseau sans fil, cliquez sur l'indicateur d'état de l'Airport se trouvant dans la barre des menus et de sélectionnez *Créer un réseau* (figure 12-19).

Figure 12-19

Menu Airport de la barre des menus

Une fenêtre intitulée *Ordinateur à ordinateur* apparaît (voir figure 12-20), dans laquelle il faut renseigner le champ *Nom* par le nom de réseau que l'on souhaite. Vous pouvez également choisir un canal, mais la configuration par défaut fonctionne très bien.

Figure 12-20

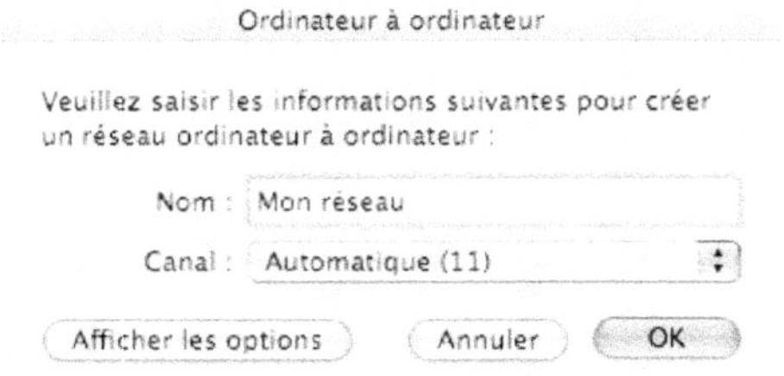

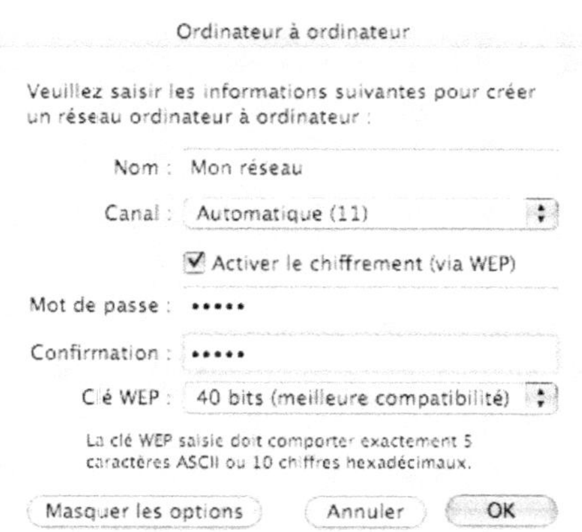

Donner un nom au réseau sans fil

En cliquant sur le bouton *Afficher les options*, une option de cryptage du réseau sans fil devient disponible, ce qui vous permet de sécuriser votre réseau en créant un mot de passe, appelé clé WEP (figure 12-21). Pour cela cliquez sur *Activer le chiffrement (via WEP)* et entrez ensuite une clé de 5 caractères ou bien de 10 chiffres.

Figure 12-21

Options avancées de la création du réseau

Valider le choix en cliquant sur *Ok*. Le Mac applique automatiquement la nouvelle configuration : les autres ordinateurs pourront se connecter à votre nouveau réseau sans fil en entrant le mot de passe (si le réseau est sécurisé). Vous pouvez voir que l'icône de l'indicateur Airport change d'aspect (figure 12-22).

Nouvel indicateur Airport

242 Quel matériel faut-il pour créer un réseau Wi-Fi sous Mac ?

Si vous voulez mettre en réseau plus de deux ordinateurs en utilisant la technologie Wi-Fi, il vous faudra faire l'achat d'une borne Airport Express, qui centralisera les connexions Airport. Vous pouvez trouver une méthode d'installation et de configuration à la question 235.

Le cas de la connexion de deux Mac ensemble est détaillé dans la question 243.

243 Comment configurer une borne AirPort Express ?

Vous pouvez configurer une borne AirPort Express de plusieurs manières. Voici une méthode simple de configuration, décrite étape par étape.

Mac OS X Tiger est livré avec l'assistant de configuration de l'AirPort Express. Il ne sera pas utile d'installer le CD-Rom livré avec la borne. Cet assistant se trouve dans le dossier */Applications/Utilitaires* et se nomme *Assistant Réglage AirPort*.

1. Une fois l'assistant ouvert, une fenêtre de bienvenue s'affiche. Cliquez sur *Continuer.*

2. L'étape suivante sert à définir si vous voulez configurer une nouvelle borne d'accès ou si l'on veut modifier la configuration d'une borne existante (voir figure 12-23). Ici, choisissez la première option puis *Continuer.* Si l'assistant ne trouve pas de borne à configurer, il délivrera un message.

3. L'écran suivant indique si le Macintosh a effectivement trouvé une borne (voir figure 12-24). Si c'est le cas, il affiche la phrase *L'Assistant réglage AirPort a détecté une nouvelle AirPort Express avec un réseau sans fil appe-*

Figure 12-23

Choix de la configuration

lée Apple Network xxxxxx. Dans ce cas, cliquez sur *Continuer*. Sinon, cliquez sur *Réessayer* et vous pourrez à nouveau faire la recherche de la borne Airport.

4. L'étape suivante propose soit de créer un nouveau réseau sans fil, soit de se connecter à un réseau existant. Cochez *Créer un nouveau réseau sans fil* et cliquez sur *Continuer* (voir figure 12-25).

5. Ensuite, vous pouvez nommer le réseau qui sera créé par la borne Airport Express (voir figure 12-26). Le nom du réseau sans fil est celui qui apparaîtra dans l'indicateur AirPort depuis la barre des menus, tandis que le nom de l'AirPort Express permettra de reconnaître cette borne dans le menu local au bas de la fenêtre iTunes. Cliquer sur *Continuer*.

6. Vous allez maintenant vous occuper des réglages de la sécurisation du réseau. L'assistant propose trois niveaux de sécurité :

Aucune sécurité : très déconseillé, car n'importe qui pourra se connecter sur ce réseau et aura accès à tous les ordinateurs qui y sont connectés.

Figure 12-24

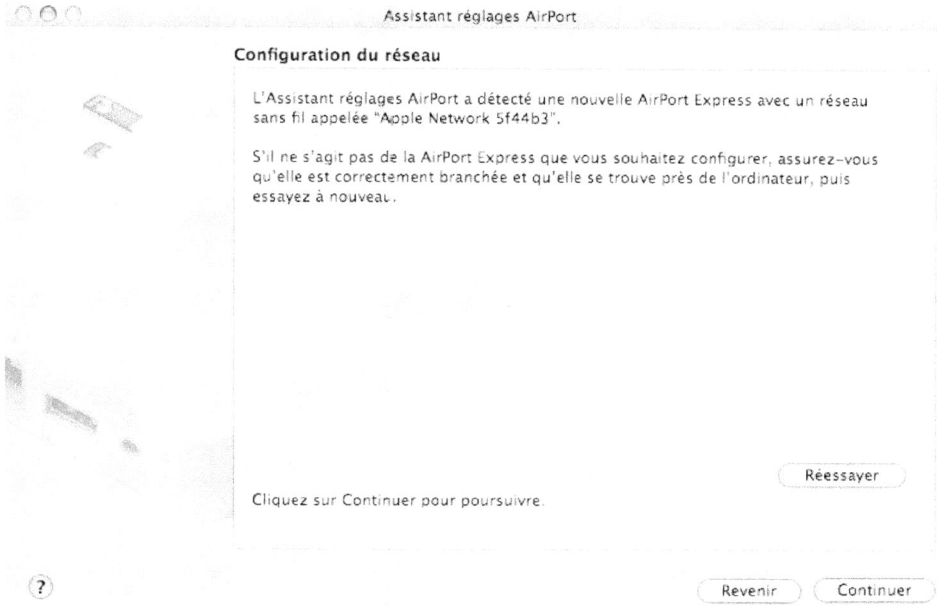

Détection d'une borne existante

Figure 12-25

Choix du réseau

Figure 12-26

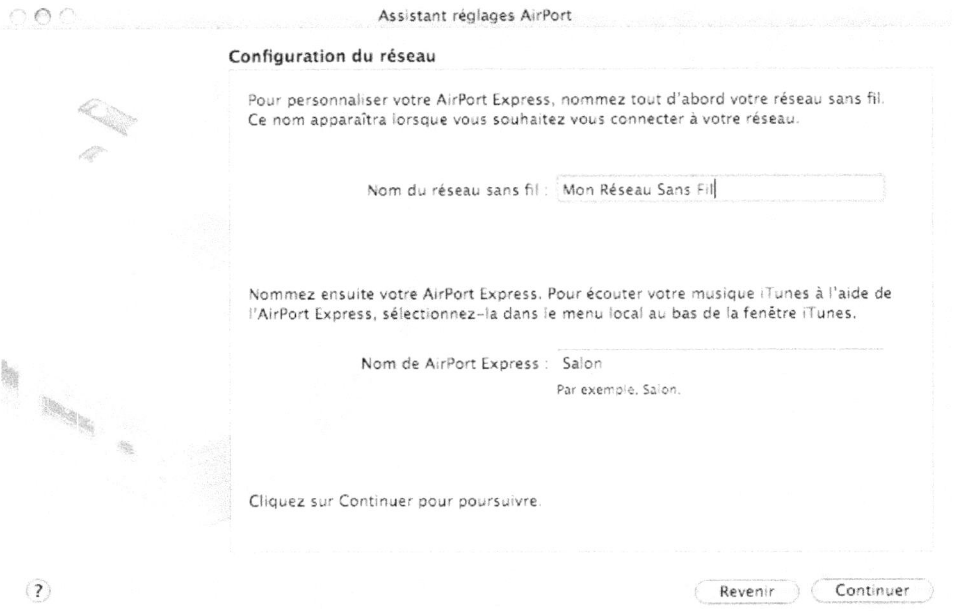

Personnalisation de la borne

WEP 128 bits : ce format de mot de passe est compatible avec tous les ordinateurs ayant une carte Wi-Fi. Il doit être composé de 13 caractères, ni plus ni moins.

WPA2 Personnel : ce type de mot de passe est plus sûr que les clés WEP. La longueur de la clé devra être comprise entre 8 et 63 caractères.

7. Choisissez le niveau de sécurité puis *Continuer* (voir figure 12-27).

8. La fenêtre suivante permet de configurer les adresses IP que délivrera la borne AirPort. Cette configuration dépend du fournisseur d'accès Internet, du modem ADSL ou encore d'un routeur ou commutateur. Par défaut, l'assistant utilise la bonne configuration (voir figure 12-28). Cliquez sur *Continuer.*

9. Cette nouvelle étape vous demande de mettre en place un mot de passe pour administrer la borne AirPort. Cela permet de protéger sa configuration. Cliquez sur *Continuer* une fois le mot de passe entré (voir figure 12-29).

10. Finalement, l'assistant de configuration affiche un résumé de la configuration effectuée. Cliquez sur *Mettre à Jour.* Une fois la borne redémarrée, l'écran de la figure 12-30 s'affiche. Terminez l'opération en cliquant sur le bouton *Quitter.*

Figure 12-27

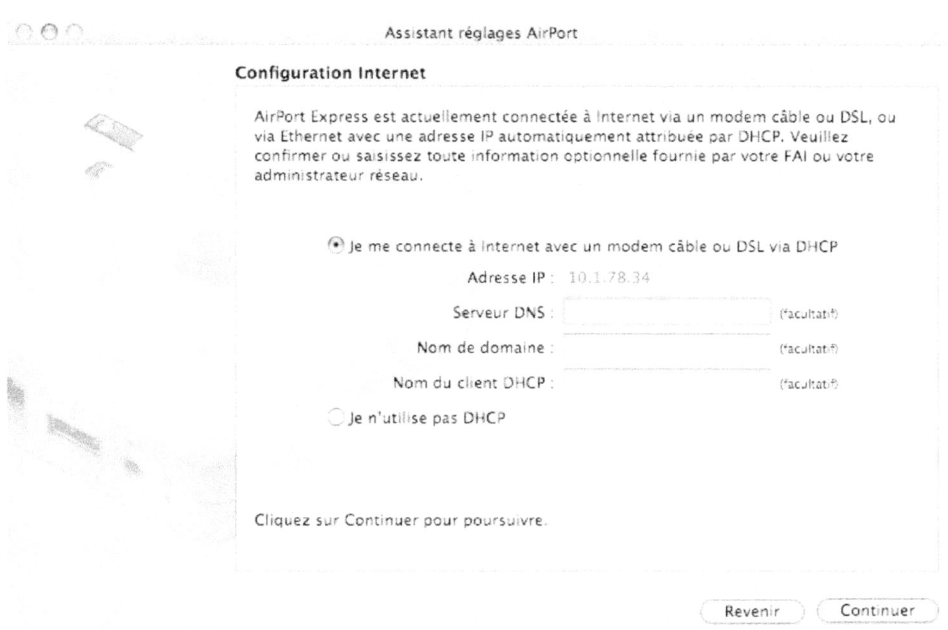

Niveau de sécurité

Figure 12-28

Configuration de l'adresse IP

Figure 12-29

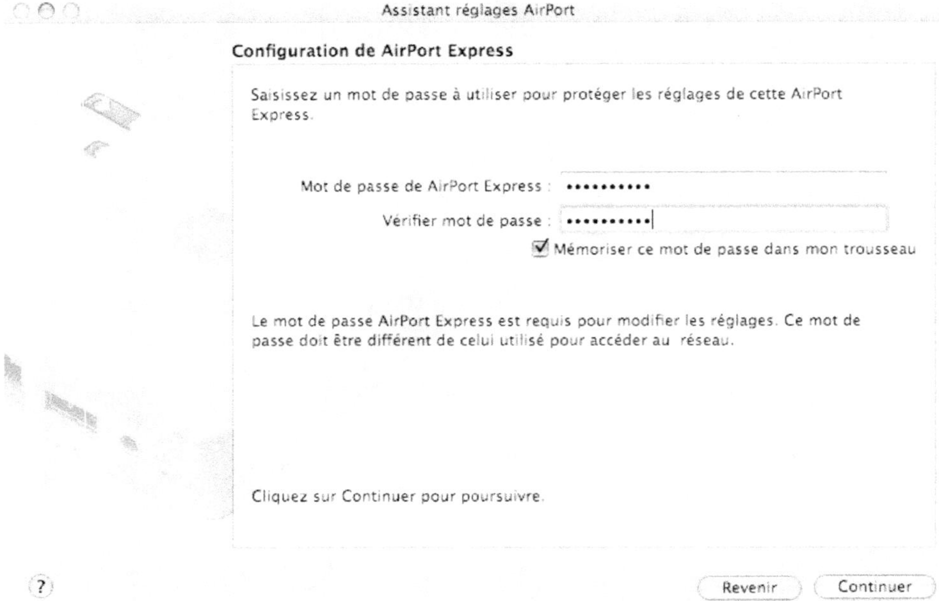

Protection de la borne Airport

Figure 12-30

L'installation est terminée

244 Comment activer Bonjour pour le partage de périphériques et de fichiers ?

Qu'est-ce que Bonjour ?

Bonjour est un protocole réseau qui vous permet de découvrir des périphériques réseaux qui l'utilisent sans avoir à effectuer de configuration particulière. Bonjour recherche automatiquement les ordinateurs, périphériques et services disponibles sur le réseau, et vous permet d'accéder à de la musique partagée sur iTunes, des photos partagées sur iPhoto, à des contacts sur iChat, etc.

Par défaut, lorsque le système vient d'être installé et tant que l'option n'est pas modifiée intentionnellement, Bonjour est activé et peut être utilisé afin de découvrir dynamiquement les périphériques distants auxquels la machine pourrait se connecter pour utiliser des services, comme une imprimante réseau.

L'utilitaire Format de répertoire disponible dans le dossier */Applications/Utilitaires* vérifie si la découverte avec Bonjour est activée (figure 12-31). Si ce n'est pas le cas, elle est activable simplement en cochant la case correspondante.

Figure 12-31

Format de répertoire

Services   Authentification   Contacts

Activé	Nom	Version
	Active Directory	1.5.2
✓	AppleTalk	1.2
✓	Bonjour	1.2
	Fichier plat BSD et NIS	1.2
✓	LDAPv3	1.7.2
	NetInfo	1.7.2
✓	SLP	1.2.1
✓	SMB/CIFS	1.2

Configurer...

Pour modifier, cliquez sur le cadenas.   Revenir   Appliquer

Liste des services pour lesquels Bonjour est activé

Si la découverte est activée et si l'on souhaite imprimer sur une imprimante réseau avec Bonjour, son nom apparaîtra de lui-même dans la liste des imprimantes sélectionnables pour lancer une impression.

Les PC n'utilisant pas par défaut le protocole Bonjour, une imprimante partagée sur un PC n'apparaîtra pas immédiatement.

> **Note**
>
> La désactivation de Bonjour pour un service ne désactive pas l'accès à ce service. Il faudra simplement spécifier les adresses pour utiliser les périphériques réseaux concernés.

245 La fenêtre Bonjour n'apparaît pas avec iChat, comment faire ?

iChat est un logiciel de messagerie instantanée détaillé au chapitre 15.

À l'aide de iChat, vous discutez (*chattez*) avec vos amis même s'ils ne possèdent pas d'adresse **@mac.com** puisque le protocole Bonjour permet de *chatter* au sein d'un même réseau sans avoir besoin d'ajouter des contacts ou même d'avoir un compte.

Vous avez donc accès à deux fenêtres de iChat : la fenêtre de la *Liste de contacts* si vous disposez d'une adresse enregistrée et avez ajouté des contacts, et la fenêtre *Bonjour*, qui vous permet de discuter au sein d'un réseau local sans aucune authentification.

Si la fenêtre de Bonjour n'apparaît pas lors du lancement de l'application de messagerie instantanée, il suffit de l'ouvrir par vous-même. Pour ce faire, déroulez le menu *Fenêtre* d'iChat (voir figure 12-32) et cliquez sur la ligne *Bonjour*, ce qui ramènera la fenêtre au premier plan. Vous pouvez également utiliser le raccourci clavier *Pomme + Option + Maj + 2*.

Figure 12-32

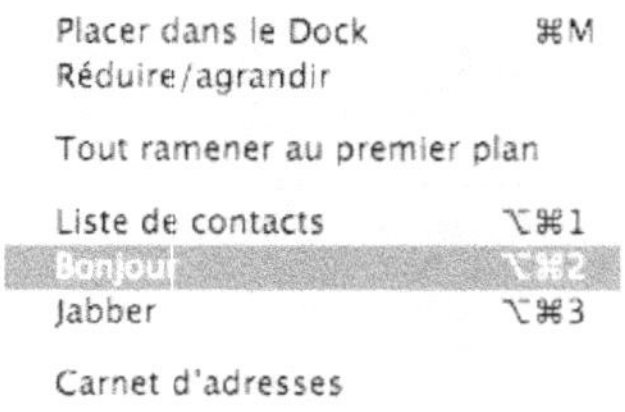

```
Placer dans le Dock           ⌘M
Réduire/agrandir

Tout ramener au premier plan

Liste de contacts            ⌥⌘1
Bonjour                      ⌥⌘2
Jabber                       ⌥⌘3

Carnet d'adresses
```

Le menu Fenêtre d'iChat

246 Comment se connecter à un VPN ?

Qu'est-ce qu'un VPN ?

Un VPN (*Virtual Private Network*) est un réseau privé virtuel, c'est-à-dire un tunnel virtuel au travers d'Internet qui vous permet par exemple d'accéder de chez vous à votre ordinateur du bureau si votre entreprise dispose d'un serveur VPN. Vous vous connectez et faites comme si votre ordinateur était dans l'enceinte du réseau de l'entreprise, tout cela de façon sécurisée.

Pour vous connecter à un VPN, il vous faut tout d'abord configurer la connexion. Pour cela, rendez-vous dans le dossier *Applications* en utilisant le menu *Aller* du Finder ou le raccourci clavier *Pomme + Maj + A*. Double-cliquez ensuite sur l'icône de l'application *Connexion à Internet*.

Cliquez ensuite sur l'icône *VPN* (voir figure 12-33). Entrez dans le champ *Adresse du serveur* l'adresse IP ou le nom DNS du serveur VPN cible. Remplir les champs *Nom du compte* et *Mot de passe* avec les identifiants de connexion VPN. Il est possible d'afficher l'état de la connexion dans la barre des statuts en cochant la case correspondante.

Figure 12-33

VPN (L2TP)
Résumé
Modem interne
VPN (L2TP)
L2TP via IPSec
Configuration : demo
Adresse du serveur : vpn.monserveur.com
Nom du compte : monlogin
Mot de passe :
Afficher VPN dans la barre des menus
État : Inactif
Se connecter

L'outil Connexion à Internet

Il ne vous reste plus qu'à cliquer sur le bouton *Connecter* pour lancer la connexion et utiliser les ressources du réseau auquel vous êtes connecté.

247 Comment échanger des fichiers via FTP ?

FTP

FTP (*File Transfer Protocol*) est un protocole de transfert de fichiers très couramment utilisé sur Internet. Pour s'en servir, il faut configurer le partage de fichiers FTP sur la machine sur laquelle on veut transférer ou récupérer des fichiers, et y accéder via un client FTP (le Finder par exemple). Lorsque vous activez l'accès FTP sur votre Mac, il se comporte comme n'importe quel serveur FTP disponible sur Internet (`ftp.eyrol-les.com` par exemple). La démarche est donc la même que pour se connecter à un serveur FTP classique.

Pour activer le serveur FTP sur une machine, allez dans le panneau *Partage* des *Préférences Système* et cochez la case à gauche de *Accès FTP*. Vous pouvez voir en dessous l'adresse que les autres utilisateurs du réseau devront utiliser pour accéder à votre machine en FTP.

Pour se connecter à une machine en FTP, il vous suffit maintenant depuis le Finder de cliquer sur le menu *Aller* et sur *Se connecter au serveur...* Entrez ensuite l'adresse FTP de la machine, à savoir `ftp://nomdelamachine` ou encore `ftp://192.168.0.1` où `192.168.0.1` est l'adresse IP de la machine. Une fois cela fait, cliquez sur *Se connecter*. Lorsque la connexion est établie, la machine vous demande d'entrer un nom d'utilisateur et un mot de passe pour la machine sur laquelle vous vous connectez ; en effet, le serveur FTP du Mac n'accepte pas de connexions anonymes.

Vous vous retrouverez après l'authentification sur le répertoire *Départ* de l'utilisateur dont vous avez entré les informations. Vous ne pouvez pas remonter dans l'arborescence du disque dans le Finder, mais vous pouvez naviguer à l'intérieur du répertoire *Départ*. Si maintenant vous souhaitez accéder à d'autres répertoires de l'ordinateur, vous devrez vous connecter depuis un client FTP (comme Cyberduck, CuteFTP...) autre que celui du Finder, ce dernier étant limité.

248 Comment activer le DHCP ?

DHCP

Le DHCP (*Dynamic Host Control Protocol*) est un protocole réseau qui permet de distribuer des baux IP (constitués de diverses informations comme une adresse IP, un masque de sous-réseau, une passerelle par défaut) à des ordinateurs dans un sous-réseau. Ce protocole est beaucoup utilisé en entreprise, car il permet de paramétrer le réseau sur un grand nombre d'ordinateurs, sans avoir à effectuer le moindre réglage manuel sur ces derniers. Si vous avez un serveur DHCP chez vous ou dans votre entreprise et si vous souhaitez qu'il vous donne les informations dont vous avez besoin pour accéder au réseau, il faut l'activer sur le Mac.

Pour activer le DHCP, il faut vous rendre dans le panneau *Réseau* des *Préférences Système*.

1. Dans le menu déroulant *Afficher*, choisissez l'interface sur laquelle activer le DHCP puis cliquez sur *Configurer*.

2. Cliquez alors sur l'onglet *TCP/IP*.

3. Choisissez l'option *Via DHCP* dans le menu *Configuration IPv4* (voir figure 12-34).

La machine recherche alors les serveurs disponibles. Si elle en trouve un qui peut lui fournir une adresse, les champs *Adresse IP*, *Sous-réseau* et *Routeur* sont automatiquement remplis avec les informations fournies par le serveur. Si vous obtenez une adresse du type `169.254.x.x`, sachez qu'elle est attribuée dans le cas d'un échec du contact du serveur DHCP, et peut donc signaler que le serveur n'est pas joignable. Si le DHCP fonctionne pour les autres ordinateurs du réseau, cliquez sur *Renouveler le bail DHCP* afin de refaire une demande, et si vous retombez sur le même type d'adresse, vérifiez que vous êtes bien relié au réseau.

Figure 12-34

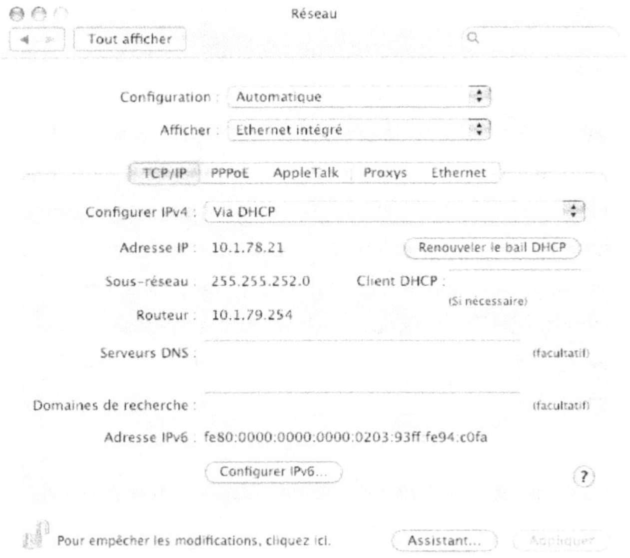

Activer le DHCP

249 Comment configurer l'ordre de connexion de vos ports réseau ?

Sous Mac OS X, il est possible de configurer l'ordre de connexion des ports réseau. Cela signifie par exemple que si le système détecte une connexion à la fois en Airport et en Ethernet, suivant l'ordre choisi, il privilégiera l'un ou l'autre de ces types de connexion.

Cet ordre de configuration se définit au niveau du panneau *Réseau* des *Préférences Système*. Affichez la *Configuration des ports réseau* en cliquant sur le menu déroulant à droite d'*Afficher* (voir figure 12-35).

Figure 12-35

Menu déroulant du panneau Réseau

Faites glisser les noms des ports réseau dans l'ordre de connexion souhaité comme sur la figure 12-36.

Figure 12-36

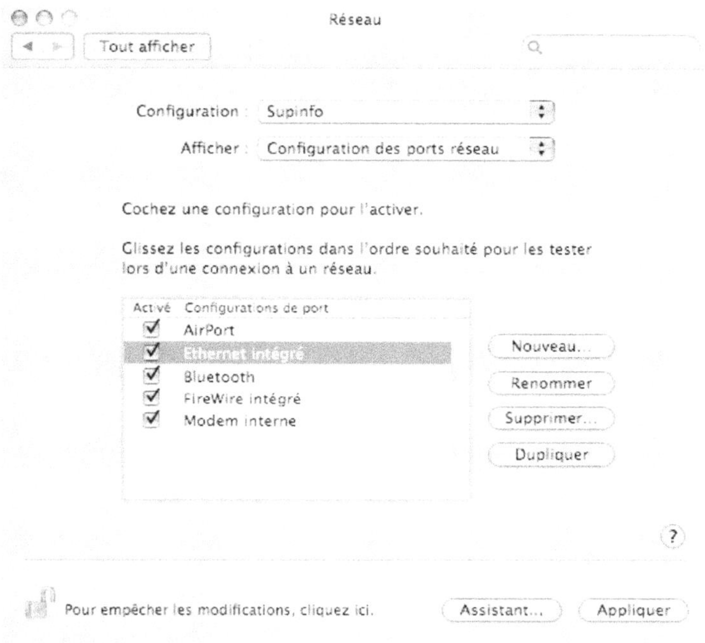

Onglet Configuration des ports réseau

250 Comment se déconnecter d'un réseau ?

Si vous souhaitez ne plus être connecté, il suffit de vous rendre dans le panneau *Réseau* des *Préférences Système* : sélectionnez le réseau duquel vous voulez vous déconnecter (il se surligne en bleu) et cliquez sur le bouton *Se déconnecter* en bas à droite, comme sur la figure 12-37.

Figure 12-37

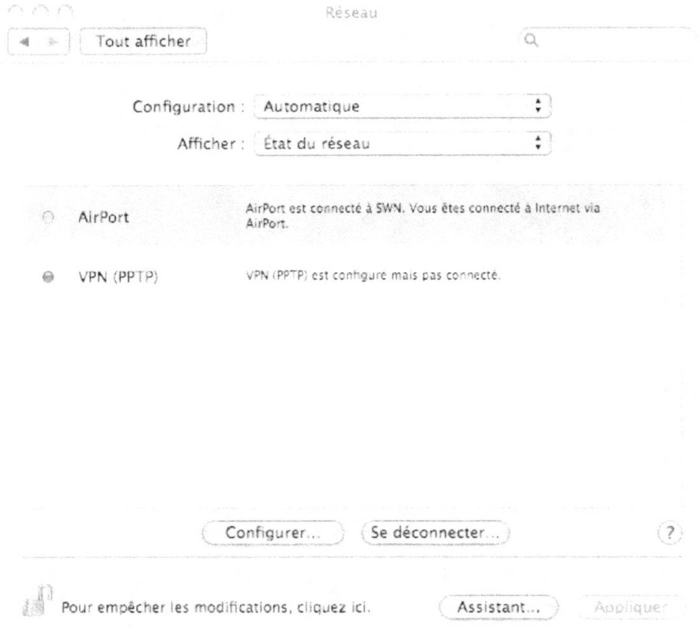

Le panneau Réseau avec l'option Se déconnecter

251 Comment paramétrer une adresse IP fixe ?

Si vous n'avez pas de serveur DHCP, il faut paramétrer une adresse IP fixe. Allez dans le panneau *Réseau* des *Préférences Système*.

1. Vérifiez que l'option du menu déroulant *Afficher* est bien sur *État du réseau*, sélectionnez l'interface sur laquelle spécifier l'adresse IP et cliquez sur *Configurer*.

2. Dans le panneau de configuration, cliquez sur l'onglet *TCP/IP*.

3. Choisissez l'option *Manuellement* dans le menu *Configuration IPv4*.

Il faut alors spécifier certaines informations (voir figure 12-38) :

L'adresse IP désirée ; rappelons que l'adresse IP par défaut d'un réseau interne est de type **192.168.1.x**, où **x** est un chiffre identifiant compris entre 1 et 254 (tous les ordinateurs du réseau doivent avoir des IP fixes de ce type, avec des chiffres identifiants différents).

- Le sous-réseau : cette information est optionnelle, un masque de sous-réseau par défaut étant automatiquement ajouté lors de la validation grâce au bouton *Appliquer.*

- Le routeur : si vous avez une machine du réseau qui partage Internet, et si vous avez configuré une IP fixe dessus, c'est ici que vous devez entrer son adresse IP afin qu'elle vous serve de passerelle vers Internet. Si votre connexion est partagée par un routeur par exemple, cherchez dans sa documentation l'adresse IP qui lui est attribuée par défaut ;

- Les adresses des serveurs DNS : elles sont généralement fournies par le FAI, mais vous devez les entrer à la main. Dans le cas d'un réseau sans connexion Internet, ces adresses sont facultatives.

Figure 12-38

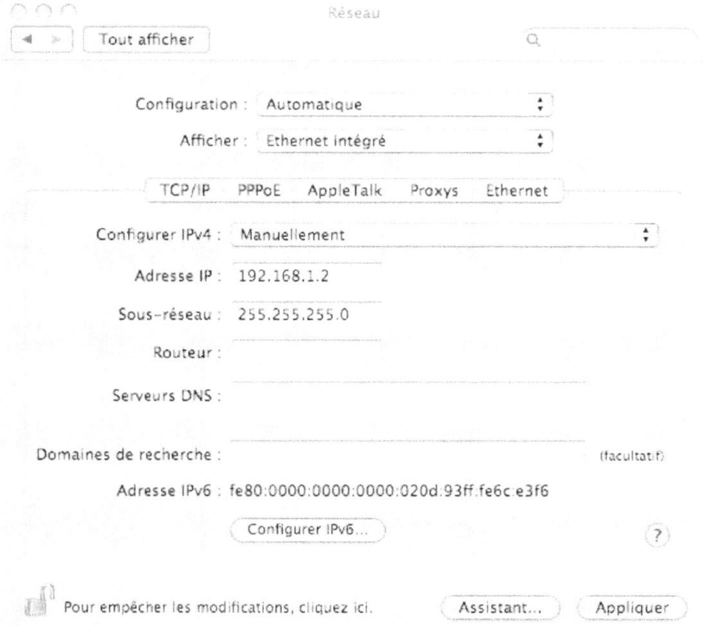

Paramétrer une adresse IP fixe

252 Comment vérifier si mon Mac est bien connecté ?

En cas de problèmes de connexion à un réseau, plusieurs applications de Mac OS X proposent de lancer l'assistant de Diagnostic réseau. Vous pouvez également lancer vous-même cette application à partir du panneau *Réseau* en cliquant sur le bouton *Assistant*, puis en choisissant l'option *Diagnostic* (voir figure 12-39).

Figure 12-39

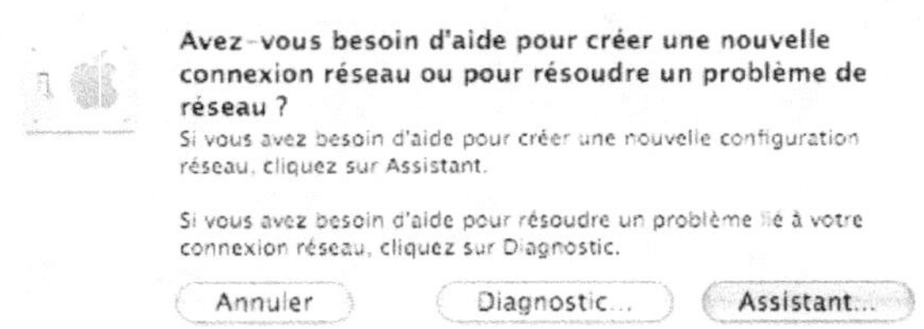

L'assistant Diagnostic Réseau

Le *Diagnostic réseau* vous aidera à déterminer visuellement d'où proviennent les problèmes, à l'aide de pastilles rouges ou vertes dans la partie gauche de la fenêtre (voir figure 12-40).

Figure 12-40

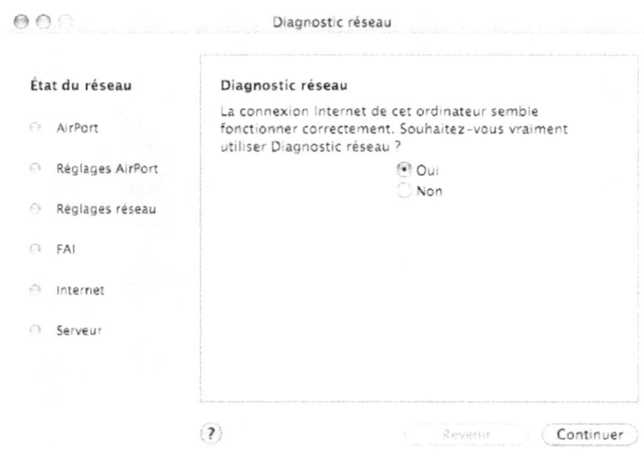

Les différentes pastilles

- *Ethernet intégré/AirPort* : la puce devient rouge lorsque le câble Ethernet n'est pas branché, ou lorsque aucun réseau AirPort n'est disponible.

- *Réglages réseau* : les réglages réseau indiqués dans la configuration sont incorrects (adresse IP fixe...).

- *FAI* : le fournisseur d'accès à Internet ne répond pas.

- *Internet* : il est impossible d'accéder à Internet.

- *Serveur* : le serveur auquel on tente d'accéder n'est pas disponible.

Pour un dépannage un peu plus poussé, vous pouvez utiliser des outils spécialisés (voir question 253).

253 Comment effectuer un Ping ?

L'outil Ping est utilisé pour identifier les problèmes de réseau. Le Ping est un envoi de paquets réseau demandant une réponse simple à la machine qu'on essaye d'atteindre, afin d'indiquer sa présence sur le réseau.

Effectuer un Ping sur un nom de machine (par exemple **www.google.fr**) ou son adresse IP permet de savoir si l'ordinateur distant est joignable ou non via le réseau.

Pour effectuer un Ping sous Mac OS X, allez dans l'*Utilitaire de réseau* à partir du dossier **/Applications/Utilitaires/** et cliquez sur l'onglet *Ping* comme sur la figure 12-41.

Figure 12-41

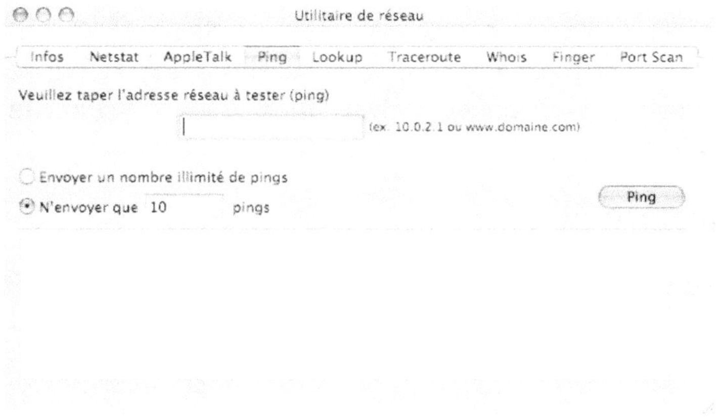

L'utilitaire de réseau, onglet Ping

1. Entrez l'adresse IP ou le nom de machine de l'ordinateur à tester.

2. Choisissez entre l'envoi de signaux illimités ou un nombre fini de signaux à envoyer (par défaut, cette valeur est à 10).

3. Une fois l'adresse indiquée, cliquez sur le bouton *Ping*.

À la fin du Ping, un message vous indique le nombre de paquets transmis et le pourcentage de paquets perdus :

- Si quelques paquets ont été perdus, cela peut être dû à une surcharge du réseau ou un autre ralentissement ponctuel : câble défectueux, problème sur les cartes réseau, etc.

- En cas d'échec, cela signifie que l'on ne peut pas contacter l'ordinateur visé. Il vous est possible d'utiliser l'outil *Traceroute* de l'utilitaire de réseau pour déterminer à quel endroit vos informations se perdent.

Attention

Certains pare-feux bloquent les requêtes de type Ping. Ainsi, si la machine distante ne répond pas, essayez d'en atteindre d'autres, afin d'être sûr d'identifier un problème réseau et non pas un problème dû à un logiciel.

254 Comment créer un nouveau profil réseau ?

Sous Mac OS X, il est possible de créer de multiples profils réseau qui se chargent d'appliquer différents paramètres en fonction de l'endroit où l'on se trouve.

On peut ainsi créer un profil à appliquer lorsque l'on se trouve chez soi (désactiver l'Airport et s'attribuer une IP fixe par exemple, voir questions 248 et 251) et d'un seul clic passer à un profil professionnel (activer l'Airport et configurer le DHCP, voir questions 239, 240 et 248).

Ajouter un nouveau profil

Pour ajouter un nouveau profil, rendez-vous dans le panneau *Réseau* des *Préférences Système* :

1. Cliquez sur le menu déroulant à droite de *Configuration* et choisissez *Nouvelle configuration...* (voir figure 12-42).

Figure 12-42

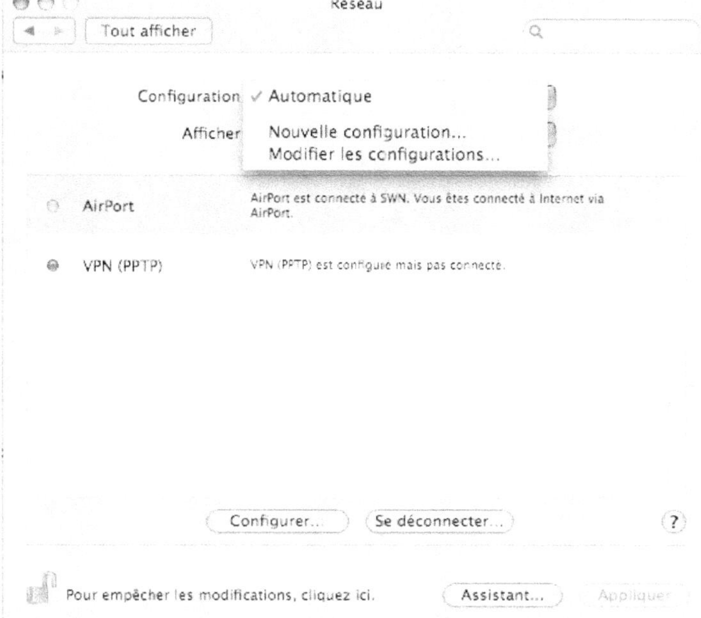

Le menu déroulant Configuration du panneau Réseau

2. Entrez un nom pour la nouvelle configuration, puis validez en appuyant sur *Ok*. (voir figure 12-43).

Figure 12-43

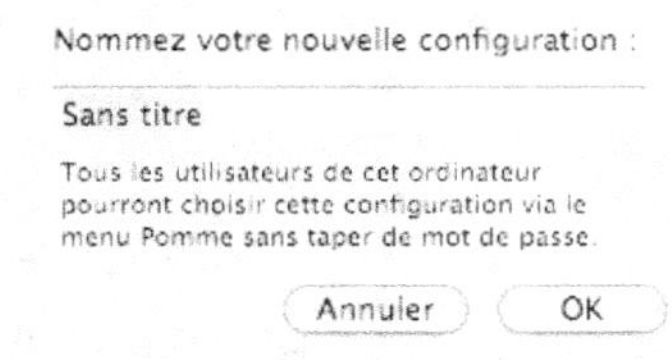

Nommer la nouvelle configuration

La nouvelle configuration apparaît maintenant sur la liste déroulante (voir figure 12-44). Il suffit ensuite de définir les paramètres spécifiques à ce profil en activant/désactivant et paramétrant les ports de votre choix (question 255).

Figure 12-44

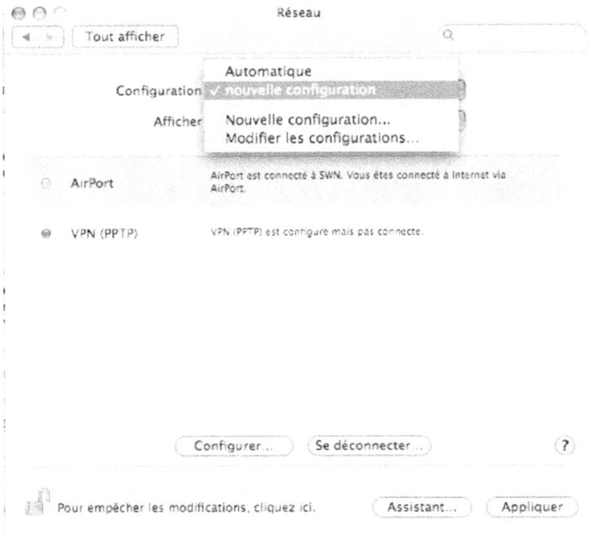

On peut voir le nom de la nouvelle configuration dans le menu déroulant.

Changer de profil

Il est désormais possible de passer d'un profil à l'autre à partir du menu *Pomme›Configuration réseau* par un simple clic.

Supprimer ou renommer un profil

Pour supprimer ou modifier le nom d'un profil réseau :

1. rendez-vous dans le panneau *Réseau* des *Préférences Système*,

2. ou dans le menu *Pomme›Configuration réseau›Préférences réseau*.

Cliquez ensuite sur le menu déroulant de *Configuration*, puis sur *Modifier les configurations...*. Il sera alors possible de supprimer ou renommer un profil réseau (voir figure 12-45).

Figure 12-45

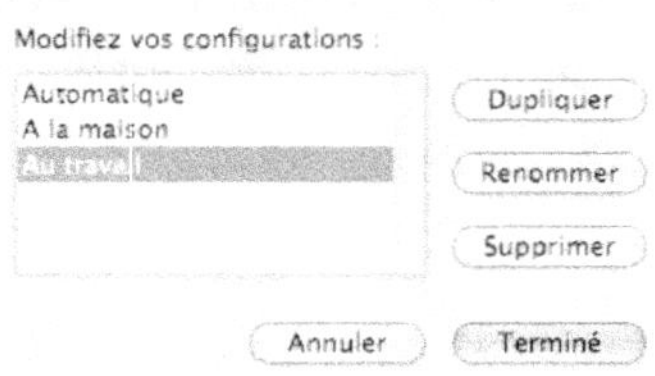

Modifier les profils existants

255 Comment ajouter ou supprimer un port d'un profil réseau ?

Vous avez créé deux profils réseau correspondant à votre travail et à votre domicile. Cependant, chez vous, vous n'avez pas d'Airport, et vous souhaitez désactiver le port réseau correspondant puisqu'il ne vous sert pas. C'est possible.

Pour ajouter ou supprimer des interfaces dans un profil réseau, il suffit de les sélectionner ou les désélectionner dans la liste des interfaces pour ce profil grâce au système de cases à cocher.

Pour accéder à l'écran de configuration, sélectionnez, le menu déroulant *Afficher›Configuration des ports réseaux* dans le panneau *Réseau* des *Préférences Système*. Sélectionnez ensuite dans le menu déroulant *Configuration* la configuration à modifier.

À partir de la fenêtre exposée à la figure 12-46, cochez et décochez les interfaces que vous souhaitez respectivement activer/désactiver pour le profil en cours d'édition.

Figure 12-46

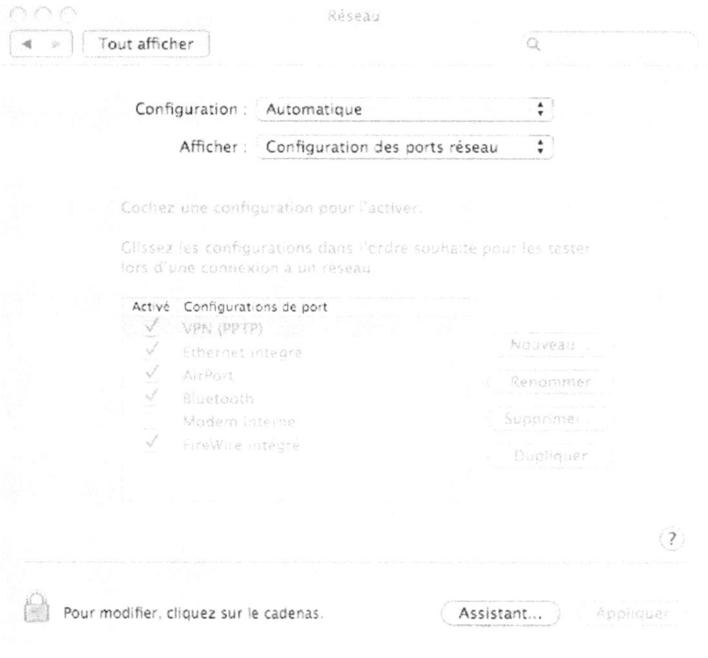

Les interfaces actives du profil Automatique

Sécurité

chapitre 13

La sécurité est un point sensible de tous les systèmes d'exploitation. Impossible d'imaginer travailler dans un milieu professionnel et de conserver des données confidentielles s'il devait exister la moindre faille ! Basé sur Unix, Mac OS X est heureusement un système disposant de méthodes de sécurisation des plus avancées disponibles sur le marché. Découvrez dans ce chapitre les outils fournis avec Tiger pour sécuriser vos données.

256 Peut-on pirater mon Mac ?

Mac OS X étant basé sur Unix, il n'est pas sensible aux attaques auxquelles est vulnérable Windows par exemple, comme les virus ou les chevaux de Troie. Cependant, aucun système n'étant infaillible, et la prudence étant mère de sûreté, utiliser le coupe-feu présent sur le système et un antivirus (voir questions 7 et 257) ajoutera une protection dont peu d'internautes de nos jours peuvent se passer.

257 Comment sécuriser ses données ?

Afin de protéger vos données (et ce, pour chaque utilisateur), il vous est possible d'encrypter l'intégralité du contenu de votre dossier de départ en utilisant la technologie FileVault.

Une fois FileVault activé pour votre compte (voir question 263), il transforme votre dossier utilisateur (il s'agit véritablement du dossier dans sa globalité) en une image disque encryptée avec une clé AES-128 bits. Vos données sont encryptées et décryptées à la volée, en toute transparence. Vous ne voyez pas la différence !

Lorsque vous ouvrez une session, Mac OS X « monte » l'image disque de votre dossier utilisateur crypté et vous accédez de façon complètement transparente à vos fichiers : vous les retrouverez au même endroit.

Lors de la fermeture de votre session, Mac OS X « démonte » l'image de votre dossier de départ et les données sont ainsi inaccessibles à ceux qui pourraient accéder à votre disque dur. Pour décoder votre dossier, avec un tel cryptage, il faudrait plusieurs centaines d'années !

Pour activer FileVault, reportez vous à la question 262.

Les données protégées par FileVault sont-elles accessibles par un tiers lorsque l'image disque est montée ?

La réponse est non. En effet, même si vous activez le partage de fichiers (voir question 235), votre dossier utilisateur crypté ne sera pas accessible aux utilisateurs se connectant sur votre machine. De la même façon, un utilisateur du même ordinateur verra votre dossier Départ comme un volume réseau inaccessible pour lui.

258 Comment limiter l'accès aux logiciels ?

Si vous disposez de plusieurs comptes sur votre ordinateur, il se peut que vous désiriez limiter l'utilisation de certaines applications : simplifier le Finder, désactiver certains logiciels...

Vous devez posséder un compte administrateur pour limiter des comptes utilisateurs. Ouvrez en premier lieu les *Préférences Système*, puis cliquez sur *Comptes*. Si vous désirez créer des comptes, reportez-vous à la question 47.

Dans le panneau qui s'ouvre, sélectionnez le compte pour lequel vous souhaitez limiter l'accès aux logiciels et cliquez sur l'onglet *Contrôles*. Choisissez les types d'applications à restreindre puis cliquez sur le bouton *Configurer*. Citons parmi les applications offrant cette possibilité Mail, iChat, Safari, Dictionnary, Finder & Système...

Prenons l'exemple du Finder & Système :

- Vous pouvez restreindre l'utilisateur à un Finder simplifié : les *Préférences Système*, entre autres, ne lui seront pas accessibles.

- Vous pouvez également modifier les autorisations : lui permettre de modifier le Dock, de graver des CD, etc.

- Enfin, possibilité intéressante, vous pouvez préciser que cet utilisateur peut *Utiliser uniquement les applications suivantes*... et cocher/décocher toutes les applications que vous autorisez ou non.

Restrictions d'un utilisateur

259 Comment mettre un mot de passe au démarrage de son Mac ?

Pour empêcher quiconque d'utiliser votre Mac, vous pouvez exiger un mot de passe au démarrage : ceux qui ne connaissent pas cette clé ne pourront pas ouvrir de session.

Pour activer une telle fonction, ouvrez les *Préférences Système* et rendez-vous dans le panneau *Sécurité* (catégorie *Personnel*). Dans la partie basse du panneau qui s'ouvre, vous voyez l'option *Désactiver l'ouverture de session automatique*.

Cochez la case si elle ne l'était pas déjà et quittez les *Préférences Système*. Au prochain démarrage d'une session, un nom d'utilisateur et un mot de passe existant sur la machine seront demandés pour ouvrir une session. Pour en savoir plus sur les options de démarrage de session, rendez-vous à la question 15.

Figure 13-2

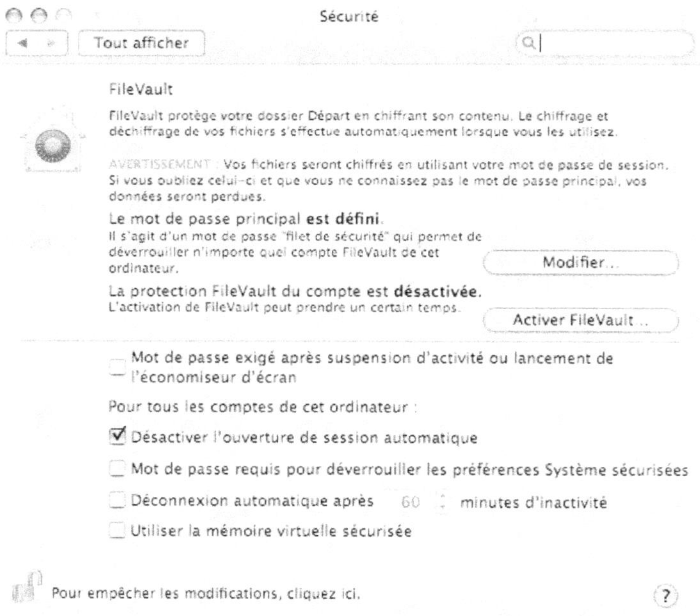

Panneau Sécurité des Préférences Système

260 Comment créer un compte limité ?

Sous Mac OS X, deux principaux types de comptes cohabitent : les comptes administrateurs (ceux qui sont autorisés à effectuer des modifications système comme changer la date et l'heure) et les comptes utilisateur, qui peuvent être limités.

Un compte utilisateur aura le droit de modifier certaines Préférences le concernant directement, comme le fond d'écran, ou encore son avatar. En revanche il lui sera impossible de modifier des préférences avancées du système.

Pour tout savoir sur la création des comptes, rendez-vous à la question 47. Retenez simplement que pour créer un compte limité, il faut vérifier que la case *Autoriser à administrer cet ordinateur* reste décochée.

Pour limiter plus encore le compte, et par exemple restreindre l'accès à certaines applications, rendez-vous aux questions 17 et 258.

261 Comment activer le compte root ?

Le compte **root** vous donne accès à certains dossiers système, le droit de modifier certaines permissions sur des fichiers et d'effectuer d'autres manipulations qui nécessitent des permissions plus étendues que celles des administrateurs de la machine.

Pour des raisons de sécurité, il est désactivé par défaut. Toutefois, sous Mac OS X – qui, rappelons-le, est un Unix – il peut s'avérer utile d'activer le compte root.

Voici les différentes étapes à suivre :

1. Il vous faudra dans un premier temps lancer le *Gestionnaire NetInfo* qui se situe dans le répertoire */Applications/Utilitaires*, répertoire auquel vous accédez directement grâce au raccourci clavier *Pomme + Maj + U*.

2. Une fois l'application lancée, cliquez sur *Sécurité* dans la barre de menus.

3. Comme vous pouvez le constater, *Activer l'utilisateur root* apparaît en grisé. Pour l'activer, cliquez sur *Authentifier...* Saisissez votre mot de passe et validez ensuite en appuyant sur le bouton *Ok*.

4. De nouveau, cliquez sur *Sécurité* dans la barre de menus, puis sur *Activer l'utilisateur root*, qui n'apparaît plus en grisé. Vous devrez alors saisir le mot de passe qui sera utilisé pour le compte root. Validez avec le bouton *Ok*.

L'activation du compte **root** est à présent terminée. Vous pouvez quitter le Gestionnaire NetInfo.

Attention

Le compte **root** a tous les droits, ce qui signifie que vous avez les pleins pouvoirs. Une fausse manipulation à partir de ce compte peut rendre votre système instable, ou pire encore, le rendre inutilisable. Soyez donc prudent, et ne manipulez ce compte en aucun cas si vous n'êtes pas familier avec le monde Unix.

262 Comment activer Filevault ?

Pour activer FileVault, ouvrez les *Préférences Système* et cliquez sur *Sécurité*. La première étape sera de créer un mot de passe principal pour FileVault, qui permettra à l'administrateur de la machine de réinitialiser le mot de passe d'un utilisateur qui l'aurait oublié.

Cliquez sur le bouton *Le définir...* et saisissez le mot de passe deux fois, puis validez en appuyant sur le bouton *Ok*.

Figure 13-3

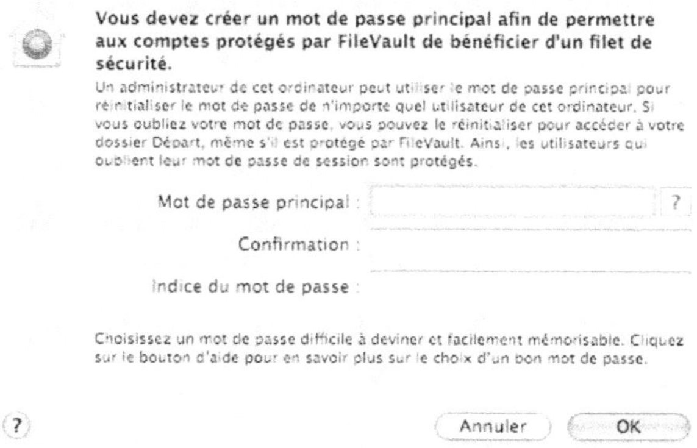

Vous devez créer un mot de passe principal afin de permettre aux comptes protégés par FileVault de bénéficier d'un filet de sécurité.

Un administrateur de cet ordinateur peut utiliser le mot de passe principal pour réinitialiser le mot de passe de n'importe quel utilisateur de cet ordinateur. Si vous oubliez votre mot de passe, vous pouvez le réinitialiser pour accéder à votre dossier Départ, même s'il est protégé par FileVault. Ainsi, les utilisateurs qui oublient leur mot de passe de session sont protégés.

Mot de passe principal :

Confirmation :

Indice du mot de passe :

Choisissez un mot de passe difficile à deviner et facilement mémorisable. Cliquez sur le bouton d'aide pour en savoir plus sur le choix d'un bon mot de passe.

Annuler   OK

Création du mot de passe principal

FileVault est à présent activé, c'est-à-dire que chaque utilisateur aura la possibilité d'activer ou non le cryptage de son dossier utilisateur. Cette décision devra être la sienne : en effet, un administrateur ne pourra activer le cryptage que de son propre dossier.

263 Comment protéger ses fichiers avec FileVault ?

Une fois que l'administrateur du système a activé FileVault sur l'ordinateur (voir question 262), les utilisateurs décident s'ils veulent crypter ou non leur dossier départ, c'est-à-dire en fait tout le contenu de leur compte utilisateur ! Il n'est pas possible de crypter un seul dossier de son choix : FileVault permet de crypter le dossier de départ d'un utilisateur dans sa globalité.

Pour crypter votre dossier de départ, rendez-vous dans le panneau *Sécurité* des *Préférences Système*. Vérifiez que le mot de passe principal est défini, sinon reportez-vous à la question 262.

Cliquez sur *Activer FileVault*. Attention, cette opération peut prendre plusieurs minutes suivant votre ordinateur. Vous devrez entrer un mot de passe —qui vous sera propre— pour activer FileVault. Veillez à le conserver en lieu sûr !

Votre session se ferme et le chiffrement de votre dossier commence. Après un certain laps de temps, la machine redémarre et vous pouvez vous connecter comme d'habitude à votre session. Le procédé est totalement transparent !

Le dossier de départ d'un utilisateur

Le dossier de départ est le dossier symbolisé par une icône de maison, dans lequel les utilisateurs ont le pouvoir de créer leurs propres dossiers et autres documents... En quelques mots, c'est votre dossier principal, votre point de départ sur l'ordinateur.

264 Quel coupe-feu pour Mac ?

Votre Mac possède un coupe-feu (*firewall*) d'origine, qui protège votre ordinateur des intrusions par un système de filtrage des paquets de données échangés avec l'extérieur. Bien sûr, si ce coupe-feu d'origine ne vous suffit pas, il en existe d'autres : citons par exemple le très apprécié NetBarrier d'Intego.

Pour configurer le coupe-feu intégré à Mac OS X, rendez-vous dans l'onglet *Coupe-feu* du panneau *Partage* des *Préférences Système*. Vous pouvez *Arrêter* ou *Démarrer* le coupe-feu, créer ou supprimer des règles pour laisser passer un ou plusieurs services. Pour savoir comment autoriser un port dans le coupe-feu, reportez-vous à la question 265.

Figure 13-4

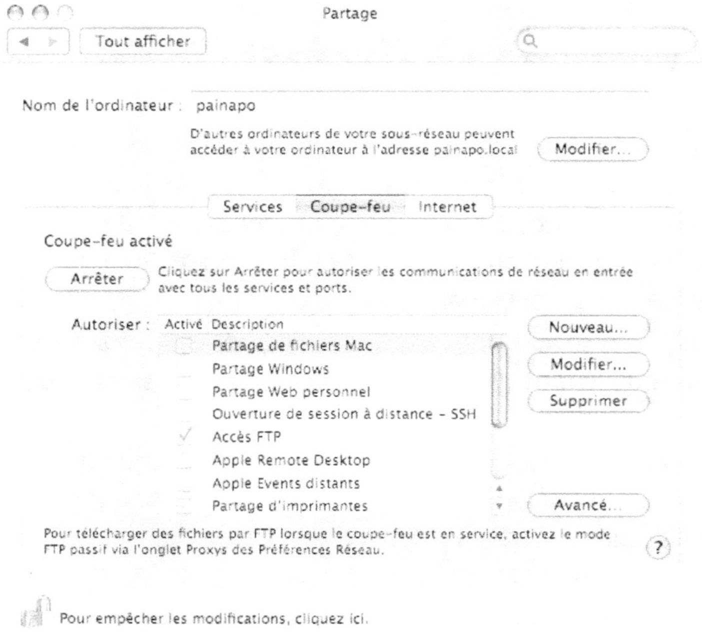

Onglet Coupe-feu du panneau Partage des Préférences Système

Les règles de filtrage

Le coupe-feu se charge de filtrer les différents paquets qu'il reçoit, en se basant sur des « règles » de filtrage. Ces règles indiquent les numéros de ports (TCP et UDP) qu'utilisent les différents services pour se connecter à la machine. Un filtre permet de limiter/autoriser l'accès à un ou plusieurs ports. Le coupe-feu se place donc entre le réseau et votre machine et va ainsi « écouter » le trafic pour filtrer l'entrée des services, et autoriser le passage des paquets sur les ports autorisés. Le coupe-feu bloquera automatiquement tous les autres.

265 Comment autoriser un port dans le coupe-feu ?

Autoriser un port signifie autoriser les paquets demandant la connexion sur ce port. Chaque application ou service utilise en effet un port distinct pour communiquer sur le réseau. La navigation Internet se fait par exemple sur le port 80, le transfert de fichier FTP sur le port 21.

Pour autoriser un port particulier dans le coupe-feu, rendez-vous dans l'onglet *Coupe-feu* du panneau *Partage* des *Préférences Système*. Cliquez sur le bouton *Nouveau*. Mac OS X vous propose une liste de divers ports pré-existants dans un menu déroulant. ICQ, VNC, SMB (sans netbios) sont par exemple déjà configurés : vous n'avez qu'à choisir un de ces ports prédéfinis dans cette liste et à valider l'opération pour qu'il soit autorisé par le coupe-feu. La figure 13-5 nous montre bien qu'en choisissant un port VNC dans la liste, les informations relatives à sa configuration sont déjà connues (numéros de port TCP, UDP...).

Vous pouvez également définir un port vous-même en sélectionnant *Autre* dans le menu déroulant. Renseignez alors les différents champs prévus à cet effet. Pour cela, il vous faut posséder quelques connaissances en réseau : vous aurez en effet à préciser le numéro de port TCP, le numéro de port UDP, ainsi qu'une description du port. Validez ensuite en appuyant sur le bouton *Ok*.

Figure 13-5

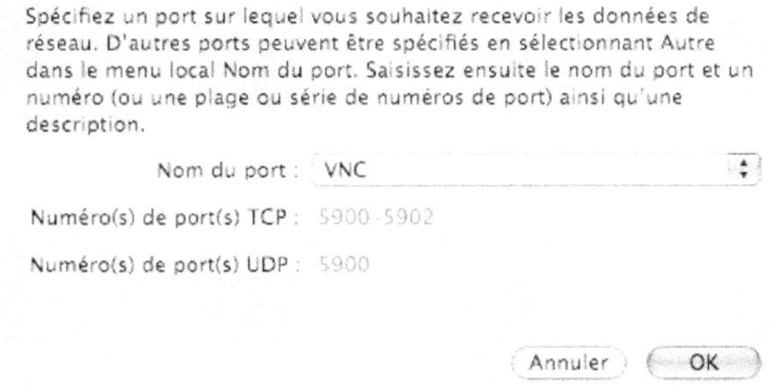

Fenêtre d'ajout de port dans le Coupe-feu : le port utilisé par VNC est déjà prédéfini, il suffit de le sélectionner pour l'autoriser.

Système

chapitre 14

Mac OS X est un système Unix, et il permet, grâce à des outils graphiques, de manipuler des objets plus approfondis du système. Voici quelques éléments qui vous permettent de vous familiariser avec les fonctions avancées de votre système.

266 Mon système risque-t-il de se dégrader, doit-il être réinstallé ?

Mac OS X est un système basé sur Unix. Les Unix sont des systèmes prévus à la base pour tourner sans interruption sur des serveurs, et ils sont de ce fait souvent utilisés pour des applications critiques. Sur de tels systèmes, les redémarrages doivent être exceptionnels, les réinstallations plus encore. Mac OS X bénéficie de cette stabilité, et ne s'altère donc pas.

De plus, les installations et désinstallations répétées de programmes n'influent pas, dans la plupart des cas, sur le système. En effet, comme nous l'avons vu aux questions 2 et 3, l'installation ou la suppression d'un logiciel se fait par simple copie. Les applications n'utilisent pas de fichiers **.dll** communs qu'elles sont susceptibles de modifier ou de supprimer et sur lesquels les autres applications s'appuient.

Il n'est donc pas nécessaire de réinstaller votre système périodiquement. Seule petite précision, si vous possédez un Mac depuis un certain temps et que vous avez fait plusieurs mises à jour majeures (de Mac OS X v10.1 à v10.2 par exemple), le système pourrait devenir légèrement instable. Au-delà de deux ou trois fois, il vaut mieux procéder à la mise à jour majeure en effaçant le système précédent. Cela implique de sauvegarder toutes vos données (voir les questions 270).

267 Comment savoir si une application est en cours d'exécution ?

Afin de savoir si une application est en cours d'exécution, regardez dans votre Dock. Vous y trouverez des raccourcis, certains présents en permanence, d'autres uniquement lorsque l'application correspondante est lancée. Les applications en cours d'exécution sont signalées par les petits triangles noirs sous leur icône, dans le Dock.

Figure 14-1

Le Dock

268 Comment voir la mémoire occupée par les applications ?

Ouvrez le dossier */Applications/Utilitaires* et lancez *Moniteur d'activité*. La liste de toutes les applications en cours d'exécution s'affiche. Dans la colonne *Mémoire*, vous pouvez voir la quantité de mémoire utilisée par chaque application.

Figure 14-2

N° de l'opération	Nom de l'opération	Utilisateur	% proc.	Nbre fils	Mémoire réelle	Mémoire virtuelle
308	Capture	thierry	8,70	2	6,16 Mo	212,49 Mo
0	kernel_task	root	7,50	45	71,37 Mo	876,65 Mo
305	Moniteur d'...	thierry	4,00	2	20,94 Mo	224,43 Mo
67	WindowServer	windowserver	2,50	2	55,59 Mo	244,00 Mo
242	Messenger	thierry	2,10	4	18,46 Mo	265,21 Mo
159	Word	thierry	1,90	2	38,46 Mo	322,61 Mo
306	pmTool	root	1,80	1	3,34 Mo	36,45 Mo
69	ATSServer	thierry	0,40	2	3,61 Mo	64,39 Mo
243	Microsoft M..	thierry	0,10	7	5,33 Mo	203,25 Mo
35	configd	root	0,10	3	3,92 Mo	29,08 Mo
57	blued	root	0,00	1	1,87 Mo	36,90 Mo
144	AppleFileServer	root	0,00	2	3,86 Mo	34,11 Mo
254	lookupd	root	0,00	3	1,06 Mo	28,61 Mo
85	SystemUIServer	thierry	0,00	2	7,94 Mo	216,57 Mo
275	check_afp	root	0,00	2	2,07 Mo	27,12 Mo
209	nfsiod	root	0,00	5	188,00 Ko	28,61 Mo

Le Moniteur d'activité

269 Comment fermer une session ?

Une fois que vous avez fini d'utiliser votre Mac, cliquez sur le menu *Pomme*, puis sur *Fermer la Session* ou utilisez le raccourci *Pomme + Maj + Q*. Cela permettra à d'autres utilisateurs de l'ordinateur de se connecter avec leur propre session, par exemple.

270 Comment créer une sauvegarde du disque dur ?

Lancez l'*Utilitaire de disque* du dossier */Applications/Utilitaires* et sélectionnez le disque dur que vous souhaitez sauvegarder. Cliquez ensuite sur le bouton *Nouvelle image*.

Choisissez comme format *Comprimée* pour gagner de la place et, pour éviter à quiconque d'accéder à ces données, chiffrez éventuellement cette image.

Figure 14-3

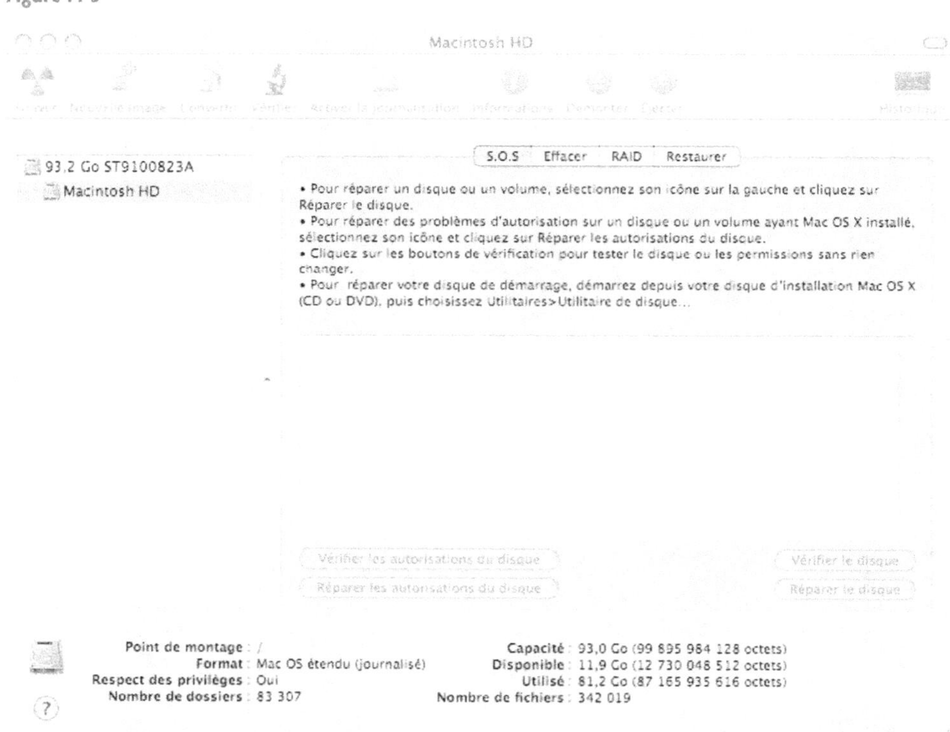

Choix du disque dur à sauvegarder via l'Utilitaire de disque

À retenir

Si vous n'avez qu'un seul disque, il n'est pas possible de faire sa sauvegarde de cette manière car il est en cours d'utilisation. Pour créer une sauvegarde de ce disque, il vous faudra vous connecter en mode *Target* sur un autre ordinateur, comme expliqué à la question 279. C'est sur ce nouvel ordinateur (le vôtre étant reconnu en mode *Target*) que vous devrez effectuer l'opération de sauvegarde, en faisant attention à bien sélectionner le bon disque dur à sauvegarder dans la liste de gauche.

271 Dois-je défragmenter mon disque dur ?

Apple précise qu'il n'est pas nécessaire de défragmenter et préconise de seulement redémarrer la machine, puisque le logiciel qui se charge de la défragmentation agit au démarrage du système.

D'ailleurs, le système de fichiers Unix, sur lequel est basé Mac OS X n'est pas sujet à la fragmentation. Sans entrer dans les détails, un système Unix défragmente automatiquement les fichiers lors de l'utilisation. Plus le système est utilisé, moins il est fragmenté. De plus, Apple précise que certains fichiers auxquels le système accède très souvent sont de par leur petite taille sujets au déplacement lors d'une défragmentation manuelle, ce qui peut engendrer une baisse de performances.

272 Comment formater mon disque dur ?

Pour formater un disque dur, il vous suffit de démarrer à partir du CD-Rom d'installation de Mac OS X. Lancez ensuite l'*Utilitaire de disque* à partir du menu *Utilitaires* en haut de l'écran. Cliquez sur le bouton *Effacer* et choisissez le nouveau format de votre disque dur. Il est recommandé de choisir *Mac OS étendu* (journalisé) comme format pour une partition Mac OS X.

Donnez un nom qui identifiera votre disque dur désormais vierge, ce qui peut se révéler utile lorsque vous gérez plusieurs disques (ces noms apparaîtront entre autres dans l'*Utilitaire de disque*). Finalisez en cliquant sur le bouton *Effacer*.

273 Comment formater un disque pour Windows et Mac OS X ?

Formater un disque pour qu'il soit utilisable aussi bien sous Mac OS X que sous Windows est très pratique pour échanger des documents entre ces deux systèmes d'exploitation. Que vous disposiez d'un ancien disque dur (quelle que soit son origine) ou que vous veniez d'acquérir un nouveau disque dur externe non formaté, voici comment procéder une fois que le disque à formater est relié à votre Mac (voir question 233) :

1. Il vous faut en premier lieu lancer l'application *Utilitaire de disque* qui se situe dans le dossier */Applications/Utilitaires*.

2. Le disque dur externe apparaît sur la barre de gauche, sous le disque dur interne.

3. Sous l'onglet *Effacer*, vous avez un menu déroulant contenant les différents   formats utilisables. Sélectionnez MS-DOS.

4. Juste en dessous, attribuez −si vous le souhaitez− un nom au disque à formater (par exemple « Mon système », « Mes vidéos », « Mes photos de vacances »). Il peut être fort utile de nommer vos disques lorsque vous devez gérer plusieurs disques, pour éviter toute confusion ! (Les noms générés par défaut sont loin d'être simples à retenir).

5. Cliquez maintenant sur le bouton *Effacer*. Toutes les informations sur le disque seront perdues. Pendant l'opération, une barre de progression apparaît un peu plus bas. Soyez patients, plus la capacité de votre disque est élevée, plus l'attente sera longue.

Vous avez à présent votre disque dur qui fonctionne aussi bien sous Mac que sous Windows.

274 Comment partitionner un disque dur ?

Sous Mac comme sous PC, partitionner un disque dur permet de mettre le système « à part » afin de pouvoir le réinstaller aussi souvent que nécessaire sans perdre les données, mais aussi accélérer le chargement de la machine, ou encore rendre possible la cohabitation de plusieurs systèmes (sur plusieurs partitions séparées) comme Linux ou même Mac OS 9.

Le partitionnement d'un disque dur sous Mac OS X se fait en lançant l'*Utilitaire de Disque* qui se trouve dans le dossier */Applications/Utilitaires*, accessible avec le raccourci clavier *Pomme + Maj + U.*

Sélectionnez le disque dur dans la barre latérale et cliquez sur l'onglet *Partition-ner*. Choisissez le nombre de partitions que vous souhaitez créer grâce au menu déroulant. Vous pouvez aussi modifier la taille de vos partitions en faisant glisser la barre qui les sépare, ou encore en renseignant le champ *Taille*.

Notez au passage la présence du bouton *Diviser* qui vous permet de scinder une partition en deux. Le bouton *Supprimer* vous permet, comme son nom le suggère, d'éliminer une partition.

En cliquant sur le bouton *Options*, vous définissez si vous souhaitez un schéma de partition Apple ou PC. En choisissant *Schéma de partition PC*, vous pourrez utiliser votre disque sous Mac OS X et sous Windows. En revanche, vous n'avez comme choix que le format MS-DOS. Si vous choisissez *Schéma de partition Apple*, vous pourrez alors formater votre disque dur, mais il ne sera lisible que par un Mac.

En cas d'erreur, si vous souhaitez recommencer les opérations de partition depuis le début, cliquez sur le bouton *Revenir*.

Une fois vos modifications faites, appuyez sur le bouton *Partitionner*. Une fenêtre vous prévenant que toutes les informations seront détruites apparaît alors. Cliquez sur *Partitionner* pour confirmer votre choix.

Figure 14-4

Exemple d'un disque dur prêt à être partitionné

275 Comment brancher un disque dur externe ?

Un disque dur externe peut se brancher soit en USB soit en FireWire, selon les matériels. Heureusement, votre Mac dispose de tels ports depuis plusieurs générations de machines.

Lorsque le disque est branché, patientez quelques instants pendant que Mac OS X vérifie s'il peut le « monter » et l'utiliser correctement. Si c'est le cas, son icône apparaît sur votre bureau.

276 Comment utiliser une clé USB ?

Très pratique et peu encombrante, une clé USB vous permet de transférer aisément vos fichiers d'un ordinateur à l'autre, Mac ou PC.

Une clé USB se branche tout simplement sur l'un des ports USB de votre Mac. Son icône apparaît alors sur le Bureau. Vous pouvez glisser-déposer des fichiers sur cette icône afin de les copier sur la clé USB. En double-cliquant sur l'icône, vous accédez au contenu de la clé.

Attention

Tous les espaces de stockage ne sont pas forcément compatibles Mac et PC : un disque dur formaté en NTFS ne sera pas accessible en écriture depuis un Mac, alors qu'un disque en FAT32 le sera...

277 Comment formater un périphérique externe ?

Le formatage d'un disque dur externe, d'une clé USB, ou encore de la carte de votre appareil photo, etc., est une opération simple sous Tiger.

Pour cela, branchez d'abord votre périphérique sur le port approprié de votre Mac. Référez-vous ensuite à la question 272.

278 Comment éjecter une clé USB ou un disque dur ?

Lorsque vous branchez une clé USB à votre Mac, son icône apparaît sur le Bureau. Vous avez plusieurs méthodes pour éjecter la clé :

- Faites un clic avancé sur l'icône et cliquez ensuite sur *Éjecter.*

- Sélectionnez son icône en cliquant dessus et tapez le raccourci clavier *Pomme + E.*

- Glissez-déposez l'icône directement sur la Corbeille qui se situe dans le Dock. Notez que l'icône de la Corbeille se transforme alors en bouton *Éjecter.*

- En ouvrant une fenêtre du Finder, l'icône est présente dans la barre latérale. Cliquez sur le bouton *Éjecter* situé en face.

279 Comment démarrer son Mac en tant que disque dur externe ?

Vous êtes avec votre PowerBook chez un ami qui possède un G5 avec les vidéos et les photos de votre dernière randonnée, mais vous n'avez pas de DVD, pas de réseau local et vous souhaitez tout de même récupérer ces données. Pas de panique ! Un simple câble Firewire fera l'affaire.

Vous devez relier les deux Mac avec le câble FireWire. et démarrer votre Power-Book en gardant la touche *T* enfoncée. Ceci va faire démarrer votre Mac en mode *Target.* Dans ce mode, l'écran de votre PowerBook devrait afficher le logo FireWire en orange sur fond violet.

Sur le G5 de votre ami (mais cela marche aussi sur tout autre Mac), l'icône d'un disque dur externe apparaît alors sur son Bureau. Il suffit désormais de copier les données directement vers le PowerBook. Une fois l'opération terminée, éjectez le disque comme vu à la question 278.

280 Comment choisir son disque de démarrage ?

Si vous avez plusieurs partitions sur votre disque dur, ou si vous avez plusieurs disques avec différentes versions de Mac OS, vous pouvez choisir de démarrer sur le disque de votre choix.

Au démarrage, appuyer sur la touche *Option* vous permet de choisir votre disque. Une autre méthode consiste à ouvrir les *Préférences Système*, cliquer sur *Démarrage*, faire votre choix et cliquer sur le bouton *Redémarrer*.

Figure 14-5

Choisir un disque depuis le panneau Démarrage des Préférences Système

281 Comment démarrer depuis un CD-Rom ?

Vous avez besoin de démarrer depuis un CD-Rom pour installer Mac OS X ou encore pour redéfinir votre mot de passe **root** ?

Il vous suffit d'insérer votre CD-Rom dans le lecteur et de démarrer votre Mac en gardant la touche *C* enfoncée.

282 Comment démarrer depuis le réseau ?

Pour démarrer depuis le réseau, appuyez sur la touche *N* au démarrage.

Vous pouvez aussi lancer les *Préférences Système*, cliquer sur l'icône *Démarrage*, sélectionner *Démarrage en réseau* et appuyer sur le bouton *Redémarrer*.

Figure 14-6

Démarrer depuis le réseau via le panneau Démarrage des Préférences Système

283 Comment vérifier la compatibilité de mon Mac en affichant la version de l'Open Firmware ?

Mac OS X peut ne pas s'installer sur votre machine si son Open Firmware est trop ancien.

Vérifiez la version de l'Open Firmware en lançant le System Profiler, autrement appelé *Informations Système*. Vous pouvez aussi cliquer sur *À propos de ce Mac* dans le menu *Pomme* : cliquez sur le texte où s'inscrit la version de votre système

et vous obtiendrez la version de votre Open Firmware, ainsi que le numéro de série de votre machine si vous cliquez une fois de plus.

Si votre Mac OS ne peut vous fournir ce numéro de version, il faudra obtenir l'information directement avec l'Open Firmware. Pour ce faire, démarrez un mode Open Firmware en pressant *Pomme + Option + O + F* au démarrage de la machine. La version est inscrite en haut de l'écran. Une fois l'information notée, quittez ce mode en tapant **Bye** et en validant. Attention, ne modifiez aucune information du Firmware si vous n'êtes pas certain de vos manipulations.

Une fois votre version d'Open Firmware connue, allez à l'adresse suivante (en anglais) pour vérifier sa compatibilité :

`http://docs.info.apple.com/article.html?artnum=86117`.

Comment mettre son Open Firmware à jour ?

La mise à jour de l'Open Firmware est une opération très délicate. De plus, les manipulations sont assez variées en fonction de la machine. Apple propose sur son site toutes les informations nécessaires. Vous pouvez les retrouver à l'adresse indiquée ci-dessus, en téléchargeant la documentation adaptée en fonction de votre machine. Vous n'avez plus qu'à suivre les instructions qui vous sont proposées.

284 Comment configurer l'utilisation des touches de fonction (sur un portable) ?

Sur les ordinateur portables Apple, les touches de fonction pour la gestion du volume, de la luminosité, et autres se trouvent sur les touches de F1 à F12. Pour pouvoir utiliser les fonctions d'exposé et du Dashboard, il faut donc appuyer sur la touche *Fn* de votre clavier. Vous pouvez configurer votre clavier pour faire l'inverse, c'est-à-dire utiliser les touches de fonctions en appuyant sur *Fn*.

Ouvrez les *Préférences Système* et cliquez sur *Clavier et souris*. Cochez la case *Utiliser les touches F1-F12 pour contrôler les fonctions logicielles* (voir figure 14-7)

Vous pouvez quitter les *Préférences Système* et essayer *F9*, *F10* ou *F11* sans appuyer sur la touche *Fn*.

N'oubliez pas cependant que pour baisser la luminosité de l'écran ou diminuer le volume, vous devrez appuyer sur la touche *Fn*, puisqu'il s'agit de fonctions dites « matérielles ».

Figure 14-7

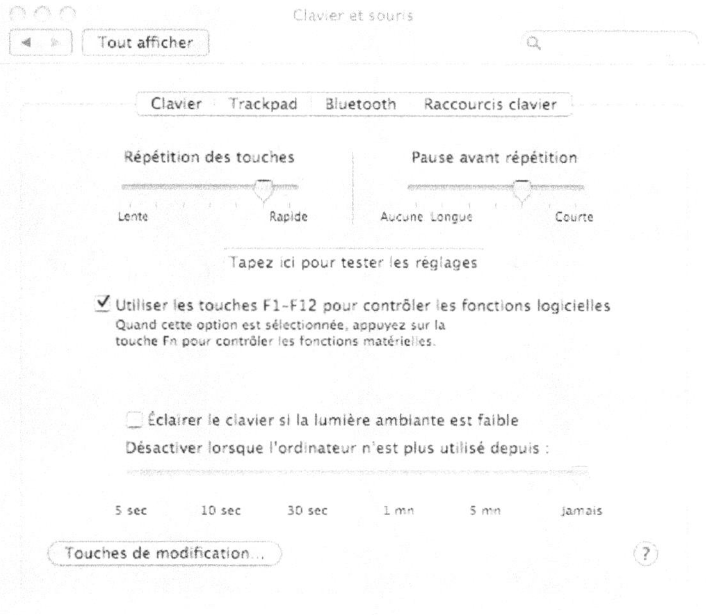

Panneau Clavier et souris des Préférences Système

285 Comment accéder rapidement aux utilitaires ?

Pour ouvrir rapidement le dossier */Applications/Utilitaires* sans ouvrir une fenêtre du Finder, effectuez la combinaison touches suivantes : *Pomme + Maj + U.*

286 Comment démarrer en mode texte ?

Pour démarrer en mode *Texte*, au moment de l'ouverture de session, saisissez `>console` comme nom d'utilisateur. Entrez votre mot de passe `root`. Vous voici dans le mode *Texte* de votre Mac.

Pour quitter ce mode, déconnectez-vous grâce à la commande `exit`.

287 Comment consulter les logs du système ?

Le système de fichier étant un système journalisé par défaut, des fichiers de logs sont générés automatiquement par le système et peuvent être consultés à des fins de réparation, ou de statistiques.

Voici donc comment consulter ces fichiers avec un utilitaire graphique intégré au système.

Pour consulter les logs du système, lancez l'application Console que vous trouverez dans le dossier */Applications/Utilitaires.*

Figure 14-8

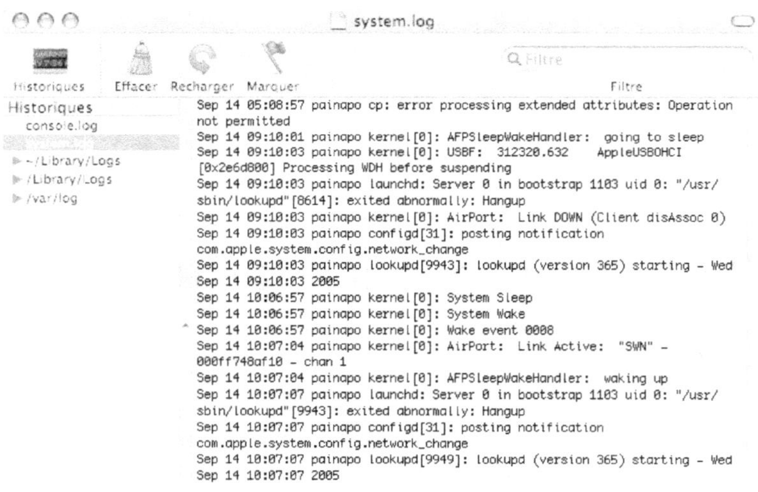

Consultez vos logs grâce à l'application Console

À retenir

Votre disque doit être en Mac OS X étendu pour bénéficier de la journalisation.

288 Comment consulter les polices du système ?

Le Livre des polices sous Mac OS X est un utilitaire pratique qui vous permet d'agir sur les polices du système. Lancez-le depuis le dossier */Applications/*.

Vous pouvez visualiser les polices présentes, en supprimer, en désactiver ou bien même exporter certaines d'entre elles. Pour ajouter une police sur votre Mac, rendez vous question 55.

Figure 14-9

Livre des polices

289 Comment effacer les langues inutiles sur votre disque dur ?

Par défaut, Mac OS X s'installe avec de nombreuses langues disponibles. Vous n'en avez certainement pas l'utilité, alors pourquoi encombrer votre disque dur ?

Pour les effacer, il vous faudra télécharger la version de démonstration de l'utilitaire TinkerTool System (en anglais) à l'adresse suivante :

```
http://www.bresink.de/osx/TinkerToolSys.html
```

Installez et lancez TinkerTool System. Cliquez sur le bouton *International*. Dans la liste, sélectionnez les langues que vous souhaitez supprimer. Notez la présence du bouton *Select all*, qui va cocher toutes les langues ; dans ce cas, décochez ensuite la case *French*. Vous ne pouvez pas supprimer l'anglais, qui apparaît en grisé, car il est nécessaire au système.

Pour effacer certaines langues, tout en gardant leur correcteur orthographique, veillez à cocher la case *Don't remove spell checker, speek, and summary dictionaries*.

TinkerTool System doit parcourir tout votre système pour effacer les fichiers de langue. Dans le champ *Remove from folder or volume*, entrez *I*, qui correspond à la racine de votre disque dur.

Appuyez ensuite sur le bouton *Delete selected packages...* pour effacer les langues sélectionnées.

Figure 14-10

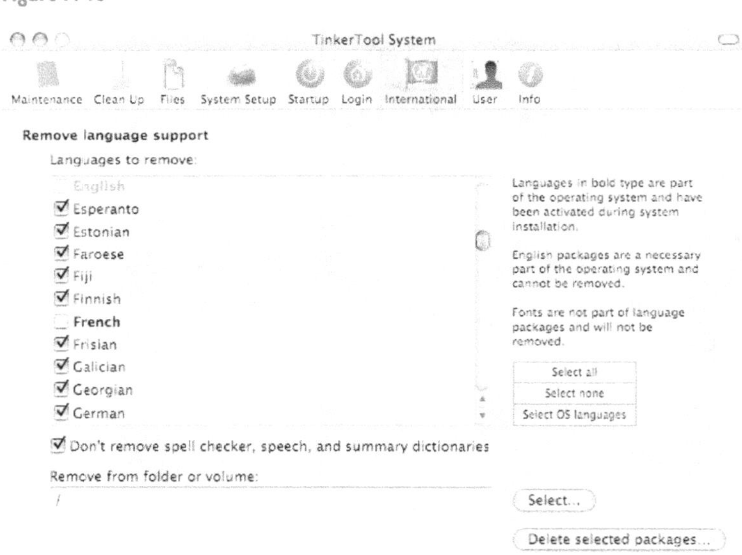

Panneau International de TinkerTool System

290 Comment connecter son téléphone portable par Bluetooth ?

Pour connecter un téléphone portable par Bluetooth à votre ordinateur, rendez-vous dans le panneau *Bluetooth* des *Préférences Système*. Cliquez sur l'onglet

Appareils puis sur le bouton *Config.nouvel appareil*. Cette dernière action lance l'utilitaire *Assistant réglages Bluetooth*. Sur cette fenêtre, choisissez *Téléphone portable* puis cliquez sur *Continuer*. Une détection se lance ; vous devez donc vous assurer d'avoir activé le mode Bluetooth sur votre téléphone.

Dès que le téléphone est détecté, vous voyez apparaître son nom dans la fenêtre. Cliquez sur *Continuer* et vous obtenez un numéro de jumelage. Votre téléphone portable vous signale qu'une tentative de jumelage a été détectée et vous propose d'enregistrer votre ordinateur dans les périphériques du portable en entrant le numéro de jumelage donné par l'utilitaire Bluetooth.

Une fois le numéro entré dans votre portable, vous voyez apparaître une nouvelle fenêtre de l'utilitaire vous proposant plus de configuration ; notamment la synchronisation avec iSync... Cliquez sur *Suivant* puis sur *Quitter*. L'utilitaire iSync s'ouvre et vous propose de synchroniser le téléphone portable et votre ordinateur pour transférer dans les deux sens les contacts figurant sur les deux appareils dans le Carnet d'adresses.

Messagerie instantanée

chapitre 15

Outre le courrier électronique, l'outil le plus utilisé pour la communication sur Internet reste la messagerie instantanée. Mac OS X n'est pas en reste, puisqu'il permet de communiquer en utilisant différents protocoles, qu'ils soient entre Mac, ou entre Mac et PC, cela à l'aide de diverses applications.

291 Quels logiciels pour la messagerie instantanée ?

Il existe sur Mac une pléiade de clients de messagerie instantanée. Certains d'entre eux sont multi-protocoles, d'autres non.

Pour le protocole AIM, nous citerons iChat et Adium. Pour les comptes .Mac, le client d'Apple iChat est le plus recommandé, car il permet d'envoyer des fichiers paquets. Adium supporte également ce protocole.

Pour Jabber, iChat supporte à nouveau le protocole, mais d'autres clients existent, comme Psi (Open Source), ou encore à nouveau Adium.

Pour MSN, il faut utiliser le client Microsoft MSN Messenger, ou Adium qui supporte aussi ce protocole.

Tous les clients de messageries instantanées sont gratuits, et sont téléchargeables sur **http://www.macupdate.com** par exemple.

292 Comment configurer son compte iChat ?

iChat est un logiciel de messagerie instantanée propriétaire Apple. Il vous permet de discuter en direct avec vos amis, à condition d'avoir un compte et de le configurer de la bonne façon.

Commencez par lancer l'application iChat, disponible dans le dossier */Applications*. Allez dans le menu *iChat>Préférences*, onglet *Comptes*. Vous créez un nouveau compte à l'aide du bouton + et en supprimez avec le -. Une fenêtre comme celle de la figure 15-1 s'ouvre, vous demandant les informations de connexion.

Figure 15-1

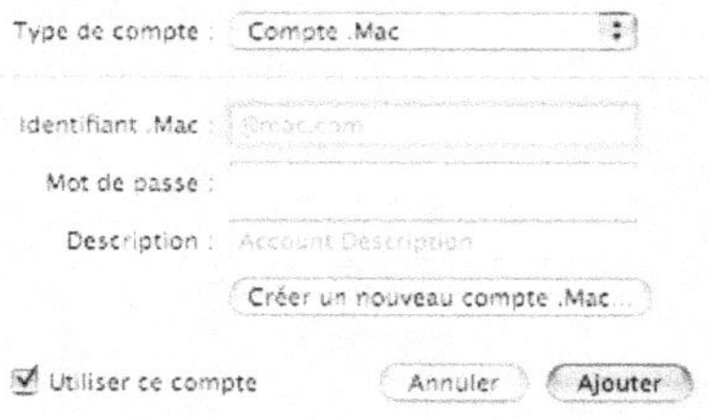

Création d'un compte sur iChat

Choisissez le type de compte avec le menu déroulant : *.Mac, Aim* (compte AOL) ou *Jabber* (compte Google Talk). Configurez de la manière suivante :

- Pour .Mac : si vous n'avez pas de compte .Mac, cliquez sur le bouton *Créer un nouveau compte .Mac* qui vous mènera sur le site web où vous pourrez en souscrire un. Une fois en possession des informations nécessaires, complétez les champs *Identifiant .Mac* et *Mot de passe* et, si vous le désirez, une description pour ce compte. Cochez ensuite le bouton *Utiliser ce compte* pour l'activer et cliquez sur le bouton *Ajouter* pour finaliser la configuration.

- Pour Aim : comme pour .Mac, entrez cette fois-ci votre pseudo Aim et le mot de passe. Cochez le bouton *Utiliser le compte* et cliquez sur le bouton *Ajouter* (si vous n'avez pas de compte Aim allez à l'adresse `http://www.aim.aol.fr` pour en ouvrir un).

- Pour Jabber, vous avez besoin d'un compte Gmail. Comme vous ne pouvez pas encore créer de compte en ligne comme avec Hotmail, vous devez demander une invitation à quelqu'un qui en possède déjà un. La configuration d'un compte Jabber, légèrement particulière est expliquée dans la question 295.

Fermez la fenêtre *Préférences*. Allez dans le menu *Fenêtre>Liste de contacts*, puis cliquez sur le bouton + qui se trouve en bas à gauche pour ajouter des contacts. La fenêtre qui s'affiche vous propose de choisir un contact déjà existant dans votre Carnet d'adresses ou bien d'en créer un nouveau grâce au bouton *Nouveau contact*. Comme précédemment, choisissez le type de compte, entrez le nom de compte .Mac ou le pseudo Aim et cliquez sur le bouton *Ajouter*. Pour ajouter un contact Jabber, allez dans le menu *Fenêtre>Jabber* et procédez comme précédemment.

Dans le menu *Fenêtre*, vous voyez en dessous de *Liste de contacts* le mot *Bonjour*. Ce nouveau protocole permet la découverte d'utilisateurs se trouvant sur le même réseau que vous. Il ne nécessite aucun type de compte et vous permet de discuter par exemple chez vous en réseau local. Les contacts qui ont Bonjour activé apparaîtront directement dans cette fenêtre.

293 Comment se connecter à MSN avec un Mac ?

Tout d'abord allez sur `http://www.hotmail.fr` ou `http://www.msn.fr` et créez un compte en suivant les instructions pas à pas sur le site. Téléchargez le client

MSN Messenger 5, version la plus récente pour Mac, depuis le site :
`http://messenger.msn.fr/`.

Une fois MSN Messenger installé et lancé, allez dans les *Préférences de compte*, entrez l'adresse Passport (votre compte Hotmail ou MSN) suivie du mot de passe, puis cliquez sur *Ouvrir une session*.

294 Comment se connecter à ICQ avec un Mac ?

Pour vous connecter au réseau ICQ, vous devez télécharger le logiciel adapté à l'adresse suivante :

`http://www.versiontracker.com/dyn/moreinfo/macosx/9973`

La version actuellement disponible est la 3.4 ; installez-la. Si vous avez déjà un numéro ICQ, cliquez sur *Existing ICQ Number*, sinon cliquez sur *New ICQ Number*.

Suivez alors les instructions affichées à l'écran (en anglais) et, une fois vos enregistrement et authentification terminés, vous obtenez une fenêtre similaire à celle de la figure 15-2, avec tous vos contacts disponibles.

Figure 15-2

Fenêtre de contacts ICQ

295 Comment se connecter à GoogleTalk avec un Mac ?

GoogleTalk est un logiciel de messagerie instantanée de la société Google. Malheureusement, aucune version de ce client n'est disponible pour Mac à l'heure actuelle. Cependant, il est possible de faire de la discussion instantanée avec les personnes utilisant GoogleTalk.

La manière la plus simple d'établir une connexion vers un client GoogleTalk est donc de configurer un compte Jabber dans iChat. Pour cela, allez au panneau *Comptes des préférences*, et ajoutez un compte.

Sélectionnez *Compte Jabber* pour le type du compte, entrez votre identifiant qui est votre adresse Gmail. Entrez votre mot de passe également. Vous devrez spécifier le nom du serveur auquel vous souhaitez vous connecter. Celui utilisé par GoogleTalk est `talk.google.com`. Une fois le compte créé, si la connexion n'est pas possible, cliquez sur l'onglet *Réglage du serveur du compte*, et vérifiez que la case *Se connecter avec SSL* est cochée et que le port est le 5223.

296 Comment effectuer un transfert de fichier vers un contact ?

Lors d'une conversation, il n'est pas rare de vouloir envoyer un fichier à son correspondant. Cette opération est très simple sur iChat. Faites juste un glisser-déposer du fichier sur le nom du contact ou sur la fenêtre de discussion.

Suivant le logiciel de messagerie, il faudra ou non valider l'envoi du fichier. Par exemple, sous MSN, l'invitation au transfert est envoyée directement au destinataire. Sous iChat, le fichier est placé sous forme d'icône dans la barre de texte, et il faut valider la ligne pour lancer l'invitation de transfert au destinataire.

Les fichiers paquets

Il faut faire attention au transfert de fichier paquets (voir question 66) car ils peuvent poser problème via un autre utilitaire que iChat. Adium ne gère pas, et plante au moment de l'envoi de fichiers.

297 Comment utiliser des groupes de contacts dans iChat ?

Lorsque vous avez beaucoup de contacts, il peut être très pratique de les regrouper. Par exemple pour les rassembler selon qu'ils sont des contacts personnels, professionnels, ou tout autres critères que vous pourriez trouver. Les groupes de contacts ne sont pas actifs de base sur iChat. Pour les activer, cochez *Utiliser les groupes* dans le menu *Présentation*.

Pour renommer ou supprimer un groupe, faites un *Ctrl + Clic* dessus, et vous pourrez manipuler les groupes à votre aise.

Vous pouvez également choisir de placer tous vos contacts déconnectés dans un groupe à part, en choisissant *Présentation>Utiliser le groupe déconnecté*.

298 Comment faire de la visioconférence sur Mac ?

Tout d'abord, branchez une webcam sur votre ordinateur et vérifiez sa détection ainsi que celle du micro dans les *Préférences* d'iChat (voir question 198).

À l'heure actuelle, vous pouvez faire de la visioconférence entre Mac via iChat avec les types de comptes .Mac et Aim. Pour cela, configurez iChat comme vu à la question 292. Cliquez sur l'icône vidéo en vert à gauche de l'image du contact et une fenêtre de visioconférence s'ouvre avec l'image de votre correspondant au centre, une fois que ce dernier a accepté la communication.

299 Comment faire de la visioconférence avec des PC ?

Il est également possible de faire de la visioconférence avec un compte de type AIM entre Mac et PC, ainsi qu'avec des utilisateurs qui ont des adresses de type MSN, en installant Mercury Messenger, disponible à l'adresse suivante :

```
http://www.macupdate.com/info.php/id/14970
```

Dans ce dernier cas, vous agirez comme si vous étiez sur un PC avec MSN Messenger, et vous aurez l'option pour démarrer une conversation vidéo dans la fenêtre de discussion.

300 Comment utiliser mon Mac pour téléphoner par Internet ?

La façon la plus connue pour téléphoner par Internet via un Mac ou même un PC est d'utiliser un logiciel appelé Skype que vous pouvez télécharger sur : `http://www.skype.com`.

Si vous n'avez pas de compte, il faudra en créer un avec les informations suivantes : nom de compte, mot de passe et adresse e-mail. Lancez l'application et connectez-vous.

Ajoutez des contacts en cliquant sur le + de la barre d'outils. Pour téléphoner, cliquez sur l'onglet *Contacts*, choisissez celui avec lequel vous souhaitez discuter et cliquez sur le téléphone vert dans la partie basse de la fenêtre.

La communication débutera quand votre correspondant répondra à votre appel.

Il vous faudra alors parler comme si vous étiez au téléphone, avec un micro (intégré dans la plupart des ordinateurs nouvelle génération), et vous entendrez votre correspondant via les enceintes de votre ordinateur.

Index

9 782212 122046